ICDL 高级试算表

课程大纲 2.0

学习材料（MS Excel 2016）

ICDL 基金会　著

ICDL 亚　洲　译

东南大学出版社
SOUTHEAST UNIVERSITY PRESS

· 南京 ·

图书在版编目(CIP)数据

ICDL 高级试算表/ICDL 基金会著;ICDL 亚洲译. —
南京:东南大学出版社,2019.5
　书名原文:Advanced Spreadsheet
　ISBN 978 - 7 - 5641 - 8377 - 6

　Ⅰ.①I… 　Ⅱ.①I… 　②I… 　Ⅲ.①办公自动
化—应用软件—教材　Ⅳ.①TP317.1

中国版本图书馆 CIP 数据核字(2019)第 074534 号

江苏省版权局著作权合同登记
图字:10-2019-053 号

ICDL 高级试算表(ICDL Gaoji Shisuanbiao)

出版发行:东南大学出版社
社　　　址:南京市四牌楼 2 号　　　　邮　　编:210096
网　　　址:http://www.seupress.com
出　版　人:江建中

印　　　刷:南京京新印刷有限公司
开　　　本:700 mm×1000 mm　1/16
印　　　张:13
字　　　数:250 千
版　　　次:2019 年 5 月第 1 版
印　　　次:2019 年 5 月第 1 次印刷
书　　　号:ISBN　978 - 7 - 5641 - 8377 - 6
定　　　价:45.00 元

经　　　销:全国各地新华书店
发行热线:025-83790519　83791830

说　　明

ICDL 基金会认证科目的出版物可用于帮助考生准备 ICDL 基金会认证的考试。ICDL 基金会不保证使用本出版物能确保考生通过 ICDL 基金会认证科目的考试。

本学习资料中包含的任何测试项目和(或)基于实际操作的练习仅与本出版物有关,不构成任何考试,也没有任何通过官方 ICDL 基金会认证测试以及其他方式能够获得认证。

使用本出版物的考生在参加 ICDL 基金会认证科目的考试之前必须通过各国授权考试中心进行注册。如果没有进行有效注册的考生,则不可以参加考试,并且也不会向其提供证书或任何其他形式的认可。

本出版物已获 Microsoft 许可使用屏幕截图。

European Computer Driving Licence，ECDL，International Computer Driving Licence，ICDL，e-Citizen 以及相关标志均是 The ICDL Foundation Limited 公司(ICDL 基金会)的注册商标。

前　言

ICDL 高级试算表

ICDL 高级试算表课程旨在使您更加专业地应用试算表程序技能,从而可以掌握试算表应用程序的高级功能,使其能够生成更复杂的报告,并执行复杂的数学和统计计算。这将有助于您在使用试算表时节省时间并提高工作效率。

完成本模块学习后,考生将能够:

- 应用高级格式化选项,例如条件格式和自定义数字格式,并处理工作表。
- 使用与逻辑、统计、财务和数学操作相关的功能。
- 创建图表并应用高级图表格式化功能。
- 使用表和列表来分析、筛选和排序数据。
- 创建和使用场景。
- 验证和审核试算表数据。
- 通过使用命名单元格区域、宏和模板来提高工作效率。
- 使用链接、嵌入和导入功能来集成数据。
- 协作并查看试算表。
- 应用试算表安全功能。

学习本模块的意义

完成 ICDL 高级试算表课程后,您将更加自信、高效地使用试算表应用程序。这将证明您已经掌握此应用程序,并能使您应用试算表应用程序更加专业。掌握了本书中提供的技能和知识后,将有可能通过该领域国际标准认证—— ICDL 高级试算表。

如需了解本书每个部分中涵盖的 ICDL 高级试算表课程大纲的具体领域的详细信息,请参阅本书末尾的 ICDL 课程大纲。

如何使用本书

本书涵盖了 ICDL 高级试算表课程的全部内容。它介绍了重要的概念,并列出了使用各种应用程序时的具体步骤。考生还可以使用 Student 文件夹(扫描封底二维码获取)中提供的示例文件进行相关练习。为了方便反复练习,建议不要将更改保存到示例文件中。

目　　录

使用条件和自定义格式

在本节中,您将学习以下内容:

- 将自动格式/表格样式应用于单元格区域
- 应用条件格式
- 编辑条件格式
- 更改条件格式
- 创建自定义条件格式
- 使用数据条
- 清除条件格式
- 创建自定义数字格式

1.1 将自动格式/表格样式应用于单元格区域

💡 概念

使用表格样式图库中的预设表样式可设置单元格区域的格式。

👣 步骤

在 Student 文件夹中，打开 **Table style. xlsx** 文件。显示 **Traffic** 工作表。

1. 选择要应用预设表样式的单元格区域。 选择单元格的区域。	选择单元格 **A3:E16**
2. 在**开始**选项卡上的**样式**组中选择**套用表格格式**按钮。 打开**下拉菜单**。	单击**套用表格格式按钮** 套用 表格格式 ˅
3. 从下拉菜单中选择一个表格样式，例如浅色、中等深浅、深色。 表格样式已应用。	表样式浅色 **8**
4. 如果适用，勾选**表包含标题**复选框。单击**确定**按钮，单元格区域将转换为所选表格样式。 复选框被选中。	套用表格式　　　　　? × 表数据的来源(W)： =$A$1:$D$8 ↑ ☑ 表包含标题(M) 　　　　确定　　取消
5. 在**套用表格式**窗口中，确认**表数据的来源(W)**框中的表格区域是正确的。 单元格区域应与您选择的内容相匹配。	单击**确定**按钮

1.2 应用条件格式

概念

条件格式可突出显示符合用户应用条件或条件的指定区域内的单元格,从而帮助用户分析表中的数据。**条件格式**的一个示例是,突出指定区域内大于 **100** 但小于 **200** 的单元格。对于更高级的分析,可以在**条件格式**中应用一个或多个条件。

步骤

在**条件格式**中应用**突出显示单元格规则**或**最前/最后规则**选项。

在 Student 文件夹中,打开 **Conditional Formatting. xlsx** 文件。显示 **Traffic** 工作表。

1.	选择要应用条件格式的单元格区域。 选择单元格的区域。	选择单元格 **B4:B15**
2.	在**开始**选项卡上的**样式**组中,选择**条件格式**按钮。 **条件格式**菜单打开。	单击 条件格式 按钮

（续表）

3. 将鼠标指向**突出显示单元格规则**或**最前/最后规则**选项。 相应的子菜单打开。	鼠标指向 **突出显示单元格规则(H)** ▸
4. 选择所需的选项。 条件出现在框中。	单击 **大于(G)…** 选项
5. 如果适用，输入要用作条件的值。 相应的对话框打开。	在**大于**对话框中，在**为大于以下值的单元格设置格式**中输入 **1500**
6. 选择对话框右侧的格式列表。 显示可用选项的列表。	单击 ▼ 按钮
7. 选择所需的格式化选项。 格式化选项被选中。	单击**浅红色填充**
8. 选择**确定**按钮。 对话框关闭，条件格式应用于所选单元格。	单击 确定 按钮

单击任何单元格以取消选择该区域。请注意，值大于 **1500** 的单元格将以浅红色填充颜色显示。

 实践

1. 将单元格 **B11** 中的数字更改为 **1656**，然后按［**Enter**］键。

2. 单元格的填充颜色变为红色，因为现在的数字大于 **1500**。

1.3　编辑条件格式

步骤

编辑条件格式规则。

返回到 **Conditional Formatting. xlsx** 文件，显示 **Traffic** 工作表。

1. 选择要应用条件格式的单元格区域。 单元格的区域被选中。	选择单元格区域 **B4:B15**
2. 在**开始**选项卡上的**样式**组中选择**条件格式**按钮。 该**条件格式**菜单打开。	单击 条件格式 按钮
3. 选择**管理规则**选项。 **条件格式规则管理器**对话框打开。	单击 管理规则(R)... 命令
4. 选择要更改的规则。 所选规则被突出显示。	单击 单元格值 > 1500
5. 选择**编辑规则**按钮。 **编辑格式规则**对话框打开。	单击 编辑规则(E)... 按钮
6. 如果要更改条件，请选择条件列表。 显示可用选项的列表。	单击第二个 ▼ 按钮 （目前为 大于 ▼ ）
7. 选择新条件。 新条件出现在框中。	单击少于
8. 如果要更改条件，请选择当前条件。 新条件被选中。	双击 **1500**
9. 输入新条件。 新条件出现在框中。	输入 **1600**
10. 选择**确定**。 **编辑格式规则**对话框关闭。	单击 确定 按钮
11. 选择**确定**。 **条件格式规则管理器**对话框关闭。编辑条件格式规则应用到所选单元格。	单击 确定 按钮

单击任何单元格以取消选择区域。请注意，值小于 **1600** 的单元格的填充颜色为
浅红色。

1.4 更改条件格式

步骤

向区域添加第二个条件格式。

显示 **Traffic** 工作表。

1. 选择要应用第二条件格式的单元格区域。 拖动时，单元格的区域会突出显示。	选择单元格 **B4：B15**
2. 在开始选项卡上的**样式**组中选择**条件格式**按钮。 条件格式菜单打开。	单击 条件格式 按钮
3. 鼠标指向**突出显示单元格规则**选项。 相应的子菜单打开。	鼠标指向 突出显示单元格规则(H) ▸
4. 选择所需的选项。 相应的对话框打开。	单击 大于(G)... 选项
5. 如果适用，输入您要用作条件的值作为适当的框。 条件出现在框中。	在**为大于以下值的单元格设置格式**框中输入 **1650**
6. 选择对话框右侧的格式列表。 显示可用选项的列表。	单击 ▼ 按钮
7. 选择所需的格式化选项。 选择格式选项。	单击**绿色填充深绿色文本**
8. 选择**确定**。 对话框关闭，条件格式应用于所选单元格。	单击 确定 按钮

单击任何单元格以取消选择区域。请注意,值大于 **1650** 的单元格的字体颜色为深绿色,单元格为浅绿色填充。现有条件格式,即小于等于的单元格的浅红色填充颜色 **1600**,仍然适用。

1.5　创建自定义条件格式

步骤

使用**顶部/底部规则**创建自定义条件格式。显示 **Traffic** 工作表。

1. 选择要应用自定义条件格式的单元格区域。 拖动时,单元格的区域会突出显示。	选择单元格 **B4:B15**
2. 在**开始**选项卡上的**样式**组中选择**条件格式**按钮。 **条件格式**菜单打开。	点击 条件格式
3. 鼠标指向**突出显示单元格规则**或**最前/最后规则**选项。 相应的子菜单打开。	鼠标指向 最前/最后规则(T) ▸ 选项
4. 选择所需的选项。 相应的对话框将打开。	单击 前 10 项(T)... 选项
5. 如果适用,在适当的框中输入您要用作条件的值。 条件出现在框中。	单击 输入值 5
6. 选择对话框右侧的格式列表。 显示可用选项的列表。	单击 ▼ 按钮
7. 选择**自定义格式**选项。 **单元格格式**对话框打开。	单击**自定义格式**选项
8. 选择所需的选项卡。 显示所需的选项卡。	如果需要,单击**字体**

（续表）

9. 根据需要选择格式。 　　选择所需的格式。	在**字体样式**列表框中，选择**黑体**
10. 选择**确定**。 　　**单元格格式**对话框关闭。	单击 [确定] 按钮
11. 选择**确定**。 　　对话框关闭，并将定制的条件格式应用 　　于所选单元格。	单击 [确定] 按钮

单击任何单元格以取消选择区域。请注意，包含 5 个最高值的单元格现在具有
粗体字体样式。此外，现有的条件格式仍然适用。

1.6 使用数据条

💡 概念

数据条在整个单元格上显示为一条彩色条纹，其宽度取决于所述单元的值。

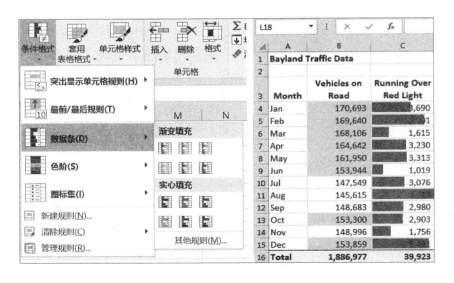

步骤

使用数据条应用条件格式。

显示 **Traffic** 工作表。

1. 选择要应用自定义条件格式的单元格区域。 拖动时，单元格的区域会突出显示。	选择单元格 **C4：C15**
2. 在**开始**选项卡上的**样式**组中选择**条件格式**按钮。 **条件格式**菜单打开。	单击 条件格式 按钮
3. 鼠标指向**数据条**选项。 **数据条**库打开。	鼠标指向 数据条(D)　　　▸
4. 选择所需的选项。 库关闭，所选条件格式将应用于所选单元格。	在实心填充下，单击红色数据条

单击任何单元格以取消选择区域。请注意，单元格中的数据的宽度取决于单元格中数据的值，单元格中的红色数据条会有所不同。值越大，数据条越宽。

实践

1. 选择单元格 **D4：D15**，并将**渐变填充橙色数据条**应用于区域。
2. 选择单元格 **E4：E15**。
3. 显示**图标集**库，然后应用**三色旗**图标集。
4. 修改规则，使图标以相反的顺序显示。
5. 单击任何单元格以取消选择区域。

	D	E
1		
2		
3	**Accidents**	**% of Accidents**
4	560	0.33%
5	136	0.08%
6	900	0.54%
7	390	0.24%
8	153	0.09%
9	751	0.49%
10	997	0.68%

1.7 清除条件格式

🐾 步骤

清除条件格式规则。

1. 选择要清除条件格式的单元格区域。 选择单元格的区域。	选择单元格 **D4∶D15**
2. 在**开始**选项卡上的**样式**组中选择**条件格式**按钮。 **条件格式**菜单打开。	单击 条件格式 按钮
3. 鼠标指向**清除规则**选项。 **清除规则**子菜单打开。	鼠标指向 清除规则(C)
4. 选择所需的选项。 菜单关闭，所有条件格式规则从所选单元格或工作表中清除。	单击**清除所选单元格的规则**

单击任何单元格以取消选择区域。注意数据条不再显示。

⚱ 实践

1. 选择单元格 **B4∶B15**。

2. 打开**条件格式规则管理器**。

3. 选择**最前 5 个规则**，然后单击**清除规则**按钮。

4. 单击**确定**按钮。

5. 单击任何单元格以取消选择区域。

（**注意**：加粗字体样式不再适用于 5 个最高值。）

1.8　创建自定义数字格式

💡 概念

数字格式功能允许更改数字的显示方式,而无需更改数字。有几种数字格式可供选择:常规、数值、货币、会计专用、日期等。当没有可用格式满足需要时,可以使用自定义格式从头创建新的自定义数字格式,或更改或编辑现有的数字格式,然后将其添加到现有的自定义数字格式列表中。

文本、连字符和符号可以用于创建自定义格式。创建自定义编号时要遵循以下几个约定:

1. 使用 0(零)占位符时,若数字位数较短,则以特定格式显示零,例如,9.2 显示为 9.20,格式为 #.00。

2. 当数字在小数点两边的位数少于格式中的 # 符号数时,如果不希望显示多余的零,请使用 # 占位符。例如,如果在单元格中输入 3.4,则自定义格式 #.## 将在单元格中显示 3.4,而不是 3.40。

3. 自定义格式最多可以有四个代码段,每个代码段用分号分隔。这些段按以下顺序排列：正数、负数、零值、文本值。

注意：自定义数字格式不需要有四段代码。如果在自定义格式的设计中仅使用两段，则第一段用于正数和零，第二段用于负数。

4. 自定义格式的每段均可以通过在每段的开始处输入括号中的颜色来显示颜色，例如[黄色][<=50]；[绿色][>50]。

5. 要以自定义数字格式显示文本，请将文本放在引号中。

您可以从**设置单元格格式**对话框的**数字**页面上的**分类**列表中选择**自定义**来查看自定义数字格式。所有自定义数字格式将显示在**类型**列表框中。

步骤

创建自定义数字格式。

显示 **Officers** 工作表。创建一个自定义文本格式，在列中的数值之前插入文本 **SN-**。

1. 选择要应用自定义数字格式的单元格。选择单元格的区域。	选择单元格 **A4：A9**
2. 在**开始**选项卡上的**单元格**组中，单击**格式**按钮。 **格式**菜单打开。	单击 格式 按钮
3. 选择**设置单元格格式**选项。 **设置单元格格式**对话框打开。	点击 设置单元格格式(F)...
4. 选择**数字**选项卡。 显示**数字**页面。	如果需要，单击**数字**选项卡
5. 从**分类**列表中选择**自定义**。 **类型**列表框中显示可用自定义格式的列表。	单击**自定义**
6. 将插入点放置在类型框中的所需位置。 插入点出现在**类型**框中的所需位置。	在**类型**框中单击文本的开头（不要在文本框中删除任何内容）
7. 根据需要自定义格式。 更改将显示在**类型**框中。	输入" SN-"
8. 选择**确定**。 **设置单元格格式**对话框关闭，并自定义格式应用于选择。	单击 确定 按钮

单击任何单元格以取消选择区域。

关闭 **Conditional Formatting. xlsx** 文件。

1.9　复习及练习

💡 在工作表中使用条件格式和自定义格式

1. 在 Students 文件夹中，打开 **Order Records. xlsx** 文件。

2. 将以下条件格式应用于单元格区域 **D6:D15**
   - 值为大于 **400** 的单元格将在单元格中填充绿色并显示为深绿色文本。
   - 值小于 **50** 的单元格以红色文本粗体显示。

3. 将纯紫色数据条应用于 **C6:C15**。

4. 修改 **D6:D15** 区域内值小于 **50** 的单元格规则，使其包含**浅蓝色填充**。

5. 清除单元格区域 **E6:E15** 的条件格式。

6. 删除 **D6:D15** 区域内值大于 **400** 的单元格的条件格式。

7. 选择 **E6** 并创建一个自定义数字格式，正数显示为蓝色，货币格式，两位小数，负数显示为红色，带括号，货币格式，两位小数。
   （**提示**：使用 $ ＃，＃＃0.00;［红色］($ ＃，＃＃0.00)自定义格式，并将蓝色添加到正数部分。）

8. 将自定义格式复制到单元格区域 **E7:E15**。

9. 在单元格区域 **A7:A15** 创建自定义数字格式，使其以 **ON:** 开头。

10. 关闭工作簿而不保存。

第 2 课

使 用 模 板

在本节中,您将学习以下内容:

- 复制工作表
- 隐藏列和行
- 取消隐藏列和行
- 拆分窗口,移动、删除拆分杆
- 将工作簿保存为模板
- 使用模板
- 编辑模板
- 插入新工作表
- 隐藏/取消隐藏工作表
- 删除模板
- 查找在线模板

2.1　复制工作表

💡 概念

复制/移动选项可用于在电子表格之间复制或移动工作表。

👣 步骤

将工作表从 **Store Catalog. xlsx** 复制或移动到 **Stores. xlsx**。

打开 **Store Catalog. xlsx** 文件和 **Stores. xlsx** 文件。

将 **Store Catalog. xlsx** 中的 **Wheels** 工作表复制到 **Stores. xlsx**。

1. 在 **Store Catalog. xlsx** 文件中，选择要复制或移动到 **Stores. xlsx** 的工作表的选项卡。 已选择工作表选项卡。	单击 Wheels 工作表的选项卡
2. 右击 **Wheels** 选项卡，然后选择**移动或复制(M)...**。 显示**移动或复制**对话框。	单击**移动或复制(M)...** 命令
3. 要将 **Wheels** 工作表复制到 **Stores. xlsx**，请在**将选定工作表移至**列表中选择 **Stores. xlsx**。 **Stores. xlsx** 被选中。 已选择 Stores. xlsx。	选择 **Stores. xlsx**
4. **下列选定工作表之前**列表中选择**(移至最后)**框。 **(移至最后)** 被选中。	单击**(移至最后)**
5. 单击**建立副本**复选框，使其显示复选标记，然后单击**确定**按钮。 工作表将被复制到新的工作簿。	

将 **Store Catalog. xlsx** 中的 **Wheels** 电子表格移动到 **Stores. xlsx**。

1. 在 **Store Catalog. xlsx** 文件中,选择要移动到 **Stores. xlsx** 的工作表的选项卡。 已选择工作表选项卡。	单击 **Wheels** 工作表的选项卡
2. 选择 **Wheels** 选项卡,然后选择**移动或复制(M)...**。 显示**移动或复制**对话框。	右击 **Wheels** 选项卡,然后单击**移动或复制(M)...**
3. 如需将 **Wheels** 选项卡移动到 **Stores. xlsx**,选择 **Stores. xlsx**。 **Stores. xlsx** 工作簿中的工作表列在**下列选定工作表之前**列表中。	在 **Stores. xlsx** 中单击**将选定工作表移至**框
4. 在**下列选定工作表之前**列表中选择**(移至最后)**框	单击**(移至最后)**
5. 选中**建立副本**复选框,在其显示选中符号后,单击**确定**按钮。 工作表就会被复制到新的工作簿中。	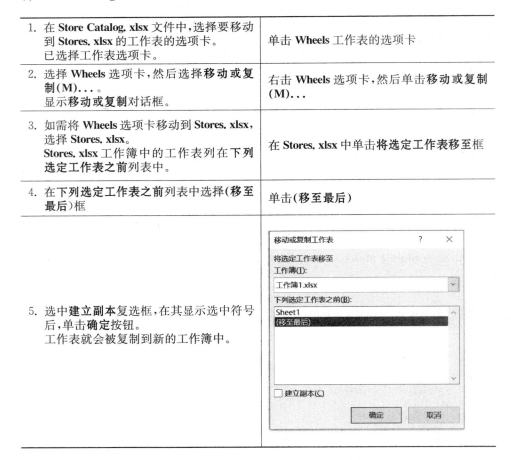

关闭 **Store Catalog. xlsx** 和 **Stores. xlsx** 而不保存。

2.2　隐藏列和行

 步骤

隐藏工作表中的列和行。

打开 **Regional Report. xlsx** 文件。如有必要,显示 **Central** 工作表。

1. 选择要隐藏的列或行。 列或行突出显示。	选择行 **3** 到 **5**
2. 右击所选列或行标题。 显示快捷菜单。	右击所选列或行标题中的任意位置
3. 选择**隐藏**命令。 列或行被隐藏。	单击**隐藏**命令

实践

1. 隐藏列 **B—E**。

2. 通过右击工作表选项卡并选择**隐藏**命令来隐藏工作表。

2.3 | 取消隐藏列和行

步骤

取消隐藏工作表中的列和行。

1. 在隐藏的列或行的两侧选择列或行,以便
    使隐藏的列或行包含在选择中。
    列或行突出显示。
	选择行 **2** 到 **6**

2. 右击所选列或行标题。 显示快捷菜单。	右击所选列或行标题中的任意位置
3. 选择**取消隐藏**命令。 以前隐藏的列或行现在显示在工作表中。	单击**取消隐藏**命令

关闭 **Regional Report. xlsx**。

2.4 拆分窗口, 移动、删除拆分杆

步骤

打开 **Regional Report. xlsx** 文件。显示 **Central** 工作表。

拆分窗口

1. 选择拆分位置。	突出显示第 2 行。
2. 单击**视图**选项卡, 然后在**窗口**组中单击**拆分**按钮。	单击 ▢拆分 按钮

移动拆分杆

1. 将光标放在拆分杆上。	放置光标
2. 按住鼠标左键, 将拆分杆拖到新位置。	拖动拆分杆

删除拆分杆

单击**视图**选项卡, 然后在**窗口**组中, 单击**拆分**按钮, 该按钮为打开/关闭拆分命令的切换按钮。	单击 ▢拆分 按钮

关闭 **Regional Report. xlsx** 文件。

2.5 将工作簿保存为模板

步骤

将工作簿保存为模板。

打开 **Travel Claims. xlsx** 文件。

1. 选择**文件**选项卡。 在**后台视图**中打开。	单击**文件**选项卡
2. 选择**另存为**选项。 将显示**另存为**页面。	单击**另存为**选项
3. 选择**浏览**。 在**另存为**对话框打开。	单击**浏览按钮**
4. 输入模板的名称。 文本显示在**文件名**框中。	输入 **Travel Claim Form**
5. 选择**保存类型**列表。 显示可用文件类型的列表。	单击 保存类型(T): Excel 工作簿　对应的下拉列表
6. 选择 **Excel 模板**。 **Excel 模板**将显示在**保存类型**框中，并显示**自定义 Office 模板**文件夹的内容。	单击 **Excel 模板**选项
7. 选择**保存**。 **另存为**对话框关闭，文件作为模板保存在**自定义 Office 模板**文件夹中。	单击 保存(S) 按钮

关闭 **Travel Claim Form. xlsx** 文件。

2.6　使用模板

步骤

使用模板创建一个工作簿。

1. 选择**文件**选项卡。 在**后台视图**中打开。	单击**文件**选项卡
2. 选择**新建**选项。 将显示**新建**页面。	单击**新建**选项

（续表）

3. 单击个人选项。 　　保存的模板的缩略图出现。	单击个人选项
4. 选择所需的模板。 　　基于模板的新工作簿将打开。	单击 Travel Claim Form
5. 将所需数据添加到工作簿中。 　　数据显示在工作簿中。	在指定的单元格区域内输入以下内容： 2　**B6**　**Training** 3　**B8**　**March** 4　**B11**　**Taxi fare** 5　**B12**　**Return to office** 6　**I11**　**25** 7　**I12**　**28**
6. 按键盘上的功能键［**F12**］。 　　**另存为**对话框打开，**文件名**框中的文本被选中。	按［**F12**］功能键
7. 输入所需的文件名。 　　文本显示在**文件名**框中。	输入 Training Claim
8. 选择地址栏左侧的双箭头。 　　显示可用驱动器和公用文件夹的列表。	单击 «
9. 选择要保存工作簿的驱动器和文件夹。	单击数据文件驱动器和文件夹
10. 选择**保存**。 　　**另存为**对话框关闭，基于模板的新工作簿被保存。	单击 保存(S) 按钮

关闭 **Travel Claims. xlsx** 文件。

2.7　编辑模板

 步骤

编辑模板。

1. 选择**文件**选项卡。 在**后台**视图中打开。	单击**文件**选项卡
2. 选择**新建**选项。 将显示**新建**页面。	单击**新建**选项
3. 单击**个人**选项。 保存的模板的缩略图出现。	单击**个人**
4. 选择所需的模板。 基于模板的新工作簿将打开。	单击 Travel Claim Form
5. 进行所需的更改。 工作簿的内容或格式变更。	单击工作表顶部的图像，然后按［**Delete**］键
6. 按键盘上的功能键［**F12**］。 **另存为**对话框打开，**文件名**选择框中的文字被选中。	按［**F12**］功能键
7. 输入模板名称。 名称显示在**文件名**框中。	输入 Travel Claim Form
8. 选择**保存类型**列表。 显示可用文件类型的列表。	单击 保存类型(T): Excel 工作簿 对应的下拉列表
9. 选择 Excel 模板。 **Excel 模板**将显示在**另存为类型**框中，并显示**自定义 Office 模板**文件夹的内容。	单击 Excel 模板
10. 选择**保存**。 Microsoft Excel 警告框出现，询问是否要替换现有文件。	单击 保存(S) 按钮
11. 选择**是**。 Microsoft Excel 警告框和**另存为**对话框关闭，并保存对模板的编辑。	单击 是(Y) 按钮

关闭模板。

实践

使用 **Travel Claim Form** 模板创建新的工作簿。请注意，工作表顶部的图像不再显示。然后关闭新的工作簿而不保存。

2.8 插入新工作表

 步骤

基于模板插入新的工作表。

打开 **East Claims. xlsx** 文件。

1. 右击要插入工作表的选项卡。 快捷菜单打开。	右击 **Sales** 选项卡
2. 选择**插入**命令。 **插入**对话框打开。	单击**插入**命令
3. 在弹出的**插入**对话框中选择所需的选项卡。 将显示相应的页面。	选择**电子表格方案**标签
4. 选择所需的模板。 **预览**框中将显示模板的**预览**。	单击**零用金报销单**
5. 单击**确定**按钮。 **插入**对话框关闭,基于所选模板的工作表将显示在工作簿中。	单击 确定 按钮

2.9 隐藏/取消隐藏工作表

 步骤

隐藏或取消隐藏工作表。

打开 **East Claims. xlsx** 文件。

1. 右击要隐藏的选项卡,然后选择**隐藏**命令。 所选工作表被隐藏。	右击 **Estimate** 选项卡,然后选择**隐藏**命令
2. 右击任何工作表选项卡。 将打开一个快捷菜单。	右击 **Sales** 选项卡
3. 选择**取消隐藏**命令。 出现**取消隐藏**对话框。	单击**取消隐藏**命令
4. 选择要取消隐藏的工作表,然后单击**确定**按钮。 对话框关闭,所选工作表被取消隐藏。	选择 **Actual**,然后单击 确定 按钮

关闭 **East Claims. xlsx** 文件。

2.10 删除模板

步骤

打开一个新的空白工作簿。

1. 选择**文件**选项卡。 在**后台**视图中打开。	单击**文件**选项
2. 选择**打开**选项。 显示**打开**页面。	单击**打开**选项
3. 选择**此电脑**,然后选择**自定义 Office 模板**。 **打开**对话框打开。	单击**此电脑**,然后单击**自定义 Office 模板**
4. 选择模板上方的文件路径以打开 Windows 资源管理器窗口。 出现一个新窗口,其中包含可用模板列表。	单击 ↑ 《 文档 › 自定义 Office 模板
5. 选择**删除**选项。 **删除文件**消息框打开,要求您确认删除。	单击**删除**按钮
6. 选择**是**。 **删除文件**消息框关闭,模板被删除。	单击 是(Y) 按钮

2.11 查找在线模板

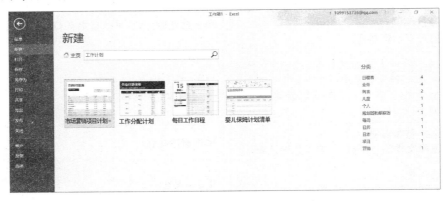

步骤

查找在线模板。

注意：需要有互联网连接才能完成以下步骤。通过选择**文件→新建**选项打开**新建**页面。

1. 选择**搜索在线模板**框。 插入点出现在**搜索在线模板**文本框中。	单击**搜索在线模板**框
2. 输入与要查找的模板相关的一个或多个关键字。 文本显示在**搜索在线模板**框中。	输入**工作日程**
3. 按[**ENTER**]键。 页面显示与关键字匹配的模板。	按[**ENTER**]键
4. 从结果中选择所需的模板。 将显示模板的预览。	单击**每日工作日程**
5. 选择**创建**以下载当前模板。 Excel 会根据模板创建一个新的工作簿。	单击**创建**按钮

关闭**每日工作日程 1** 工作簿而不保存更改。

Excel 中的在线模板

2.12 复习及练习

 创建和使用模板

1. 打开 **Inventory. xlsx** 文件。

2. 将工作簿保存为名为 **Stock Checklist** 的模板。关闭模板。

3. 使用 **Stock Checklist** 模板创建新的工作簿。

4. 在新工作簿中，将 **C7** 中的标签更改为 **On Location**，将 **D7** 的标签更改为 **Warehouse**。

5. 更改 **A3** 中的标签为**月份**。

6. 隐藏第 **5** 行。

7. 将工作簿保存为 **Hotel Checklist**。

8. 关闭工作簿。

分类和验证数据

在本节中，您将学习以下内容：

- 在列表中创建分类汇总
- 从列表中删除分类汇总
- 多级数据排序
- 使用自定义排序
- 使用数据验证
- 使用序列验证数据
- 创建自定义错误消息
- 删除数据验证

3.1　在列表中创建分类汇总

💡 概念

当列表按列中的值排序时,包含相同值的记录将一起分组。列表分组后,就可以通过分类汇总来插入分类汇总和总计,以便快速计算相关行的数。

年	国家	销售
2011	新加坡	100
2011	日本	150
2011	印度	250
2012	新加坡	380
2012	日本	490
2012	印度	550
2013	新加坡	340
2013	日本	500
2013	印度	600

➡️

年	国家	销售
2011	新加坡	100
2011	日本	150
2011	印度	250
2011 总计		500
2012	新加坡	380
2012	日本	490
2012	印度	550
2012 总计		1420
2013	新加坡	340
2013	日本	500
2013	印度	600
2013 总计		1440
总计		3360

👣 步骤

在列表中创建分类汇总。

打开 **Employees List. xlsx** 文件。显示 **List** 工作表。

1. 选择**数据**选项卡。 　显示**数据**选项卡。	单击**数据**选项卡
2. 在包含要进行分组的条目的列中,选择一个单元格。 　选择单元格。	单击单元格 **E3**
3. 从**排序和筛选**组中的按钮中选择所需的排序顺序。 　列表将根据所选列中的条目进行排序。	单击 ⏏️↓ 按钮
4. 选择**分级显示**组中的**分类汇总按钮**。 　**分类汇总**对话框打开。	单击 ▦ 按钮 　　分类汇总

（续表）

5. 选择列表中的**分类字段**。 将显示列名称列表。	单击**分类字段** ▾
6. 选择用于对列表排序的列的名称。 列名出现在**每个更改的框中**。	选择 Department
7. 选择**汇总方式**列表。 显示功能列表。	单击汇总方式 ▾
8. 选择所需的函数。 功能出现在**使用功能框中**。	选择**平均值**函数
9. 在**选定汇总项**列表框中，选择要计算分类汇总的第一列。 所选列名称旁边的复选框中将出现一个刻度。	单击 ☐ Salary，选择该项
10. 根据需要选择或取消选择其他列。 相应地选择或取消列。	如果需要，单击 ☐ Bonus，选择该项
11. 根据需要选择或取消选择分类汇总选项。 选择或取消选择这些选项。	确保将以下选项设置为默认设置： **替换当前分类汇总**——选中 **每组数据分页**——不选中 **汇总结果在数据下方**——选中
12. 单击**确定**按钮。 **分类汇总**对话框关闭，分类汇总显示在新插入的行各组下面，分级显示被应用到列表。	单击 ⬚确定 按钮

滚动到列表的底部查看**总计平均值**行。滚动到工作表的顶部。

⏱ 实践

1. 选择 **2 级**分级显示按钮折叠分级显示详情。

（**注意**：此时只显示各组**平均值**和**总计平均值**。）

2. 单击第 37 行旁的**显示详细分组级别**按钮展开支持组。

3. 选择 **3 级分组级别**按钮重新显示所有信息。

4. 单击**分级显示**组中的**分类汇总**按钮，并设置以下选项：

- 分类字段——Department
- 汇总方式——Sum

- 选定汇总项——Salary only（deselect Bonus）
- 替换当前分类汇总——不选择
- 每组数据分页——如有必要，不选择

5. 单击**确定**按钮应用其他分类汇总，然后滚动工作表以查看结果。

（**注意**：大纲现在有 4 个级别。）

6. 根据需要折叠并展开分级显示级别，观察可用的不同视图。

7. 点击 **4** 级分级按钮重新显示所有级别。

3.2　从列表中删除分类汇总

步骤

删除列表中的分类汇总。

1. 在包含要删除的分类汇总的列表中选择一个单元格。选择单元格。	单击单元格 **A3**
2. 选择**数据**选项卡。显示**数据**选项卡。	单击**数据**选项卡
3. 在**分级显示**组，选择**分类汇总**按钮。**分类汇总**对话框打开。	单击 [分类汇总] 按钮
4. 选择**全部删除**按钮。**分类汇总**对话框关闭，分类汇总和分级显示从列表中删除。	单击 [全部删除(R)] 按钮

关闭 **Employees List. xlsx** 文件。

3.3 多级数据排序

步骤

按多个级别排序数据。

打开 **Employees Table. xlsx** 文件。

1. 选择表中的任何单元格。 选择单元格。	单击单元格 **A4**
2. 选择**数据**选项卡。 显示**数据**选项卡。	单击**数据**选项卡
3. 选择**排序和筛选**组中的**排序**按钮。 **排序**对话框打开。	单击 [排序] 按钮
4. 选择**主要关键字**。 显示表列名称列表。	选择**主要关键字** ▼
5. 选择要用于第一级排序的列的名称。 列名出现在**列**框中。	单击 Department
6. 选择**排序依据**列表。 显示选项列表。	单击**排序依据** ▼
7. 选择所需的选项。 所选选项显示在**排序依据**框中。	如果需要，单击**数值**
8. 选择**次序**列表。 显示选项列表。	单击**次序** ▼
9. 选择所需的选项。 所选选项出现在**次序**框中。	如果需要，单击**升序**
10. 选择**添加条件**按钮。 将显示一行新的选项。	单击 [添加条件(A)] 按钮
11. 选择**次要关键字**列表。 显示表列名称的列表。	单击**次要关键字** ▼
12. 选择要用于二级排序的列的名称。 列名称出现在**次要关键字**框中。	单击 Division
13. 选择**排序依据**列表。 显示选项列表。	单击**排序依据** ▼
14. 选择所需的选项。 所选选项显示在**排序依据**框中。	如果需要，单击**数值**

（续表）

15. 选择**次序**列表。 显示选项列表。	单击**次序** ▾
16. 选择所需的选项。 所选选项出现在**次序**框中。	单击**降序**
17. 根据需要添加其他的排序条件。 **排序**对话框中显示其他排序条件。	● 单击**添加条件**按钮 ● 选择**次要关键字**列表，然后单击 **Salary** ● 选择**排序依据**列表，然后单击**数值** ● 选择**次序**列表，然后单击**升序**
18. 选择**确定**。 **排序**对话框关闭，表中的数据进行排序。	单击 [确定] 按钮

实践

1. 单击**排序**按钮重新打开**排序**对话框。

2. 添加其他排序级别排序，按照 **Hire Date** 的**数值**进行**升序**排列。

3. 注意，新条件位于原条件之后。

4. 使用**排序**对话框顶部的**下移**按钮可以将新的排序条件移动到列表底部。

5. 单击**确定**按钮应用新的排序条件。

6. 使用**快速访问工具栏**上的**撤销**按钮撤销所有排序。

3.4 | 使用自定义排序

步骤

使用自定义排序来排序月份。

1. 选择要排序的列中的任何单元格。 单元格被选中。	单击单元格 **E4**
2. 选择**开始**选项卡。 显示**开始**选项卡。	单击**开始**选项卡
3. 在**编辑**组中,选择**排序和筛选**按钮。 显示**排序和筛选**下的选项。	单击 排序和筛选 按钮
4. 从列表中选择**自定义排序**。 显示**排序**对话框。	单击**自定义排序**
5. 选择要排序的字段。 从列表中选择字段。	从**排序依据**列表中选择 **Hire Month**
6. 在**次序**列表中选择**自定义序列**。 **自定义序列**对话框打开。	从**次序**列表中选择自定义序列
7. 从**自定义序列**选项中选择序列。 选择序列。	选择**一月,二月,三月**……序列
8. 单击**确定**按钮。 对话框关闭,序列显示在**次序**框中。	单击 确定 按钮
9. 选择**确定**按钮。 **排序**对话框关闭,表中的数据进行排序。	单击 确定 按钮

关闭 **Employee Table. xlsx** 文件。

3.5　使用数据验证

概念

使用**数据验证**,可以定义限制条件,限定单元格中可以或应输入哪些数据类型和区域。还可以设置出现错误时弹出消息和说明来帮助用户更正错误。

步骤

使用**数据验证**来限制数据输入。

打开**数据验证. xlsx** 文件。

1. 选择要限制数据输入的列数据。 　　选择列数据。	单击⬇上面 **Division**
2. 选择**数据**选项卡。 　　显示**数据**选项卡。	单击**数据**选项卡

(续表)

3. 选择**数据工具**组的**数据验证**按钮。 **数据验证**对话框打开。	单击 数据验证 按钮
4. 选择**设置**选项卡。 显示**设置**页面。	如有必要,单击**设置**选项卡
5. 选择**允许**列表。 显示选项列表。	单击**允许** ▼ 下拉列表
6. 选择所需的选项。 所需的选项显示在**允许**框中。	选择**整数**
7. 选择**数据**列表。 显示选项列表。	如有必要,单击**数据** ▼ 下拉列表
8. 选择所需的选项。 所需的选项显示在**数据**框中,一个或多个框(取决于所选的选项)显示在**数据**框下方,用于输入限值。	选择**介于**
9. 输入所需的限值。 限制出现在相应的框中。	● 单击**最小值框**,输入 **2** ● 单击**最大值框**,输入 **5**
10. 选择或取消选择**忽略空值**选项。 选项被相应地选择或取消选择。	取消勾选 ✔**忽略空值**复选框取消选择
11. 选择**确定**。 **数据验证**对话框关闭。数据验证被应用到所选择的单元格中。	单击 确定 按钮

在单元格 **F4** 中输入 **7**，然后按［**ENTER**］键。Microsoft Excel 消息框打开，通知"您的条目无效"。选择**重试**关闭消息框。输入 **5**，按［**ENTER**］键。

3.6 使用序列验证数据

步骤

使用序列验证表数据。

1. 选择要限制数据输入的列数据。 选择列数据。	单击 **Region** 上面的 ⬇
2. 选择**数据**选项卡。 显示**数据**选项卡。	单击**数据**选项卡
3. 选择**数据工具**组的**数据验证**按钮。 **数据验证**对话框打开。	单击 数据验证 按钮
4. 选择**设置**选项卡。 显示**设置**页面。	单击**设置**选项卡
5. 选择**允许**列表。 显示选项列表。	单击**允许** ▼ 下拉列表
6. 选择**序列**。 **序列**出现在**允许**框中，下方显示**来源**框。	选择**序列**
7. 单击**来源**框中的**折叠对话**按钮。 **数据验证**对话框被折叠。	在**来源**框单击 ▦
8. 选择工作表中的列表区域。 在选定区域周围出现一个虚线选框，地址显示在**数据验证**对话框中。	拖动以选择 **J1:J5**，并释放鼠标按钮
9. 单击**数据验证**对话框中的**展开对话**按钮。 **数据验证**对话框展开。	在**数据验证**对话框中单击 ▦
10. 选择或取消选择**忽略空值**选项。 选项被相应地选择或取消选择。	确保选中 ✔**忽略空值**复选框

（续表）

11. 根据需要选择或取消选择**提供下拉箭头**选项。 选项被相应地选择或取消选择。	确保选中 ☑ **提供下拉箭头**复选框
12. 选择**确定**。 **数据验证**对话框关闭和数据验证被应用到所选择的单元格中。	单击 确定 按钮

选择单元格 **E10**。注意单元格右侧显示的下拉箭头。单击下拉箭头，然后从列表中选择 **South**。

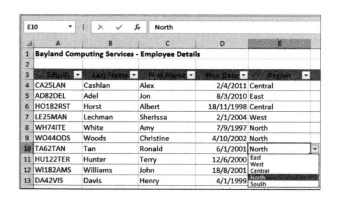

在单元格 **E11** 中输入 **Northwest**，然后按［ENTER］键。**Microsoft Excel** 消息框打开，通知"您的条目无效"。选择**取消**关闭消息框。单击下拉箭头并选择 **North**。

3.7　创建自定义错误消息

步骤

创建自定义错误消息。

1. 选择要自定义错误消息的列数据。 　 选择列数据。	单击 **Division** 上面的 ⬇
2. 选择**数据**选项卡。 　 显示**数据**选项卡。	单击**数据**选项卡
3. 选择**数据工具**组中的**数据验证**按钮。 　 **数据验证**对话框打开。	单击 📋 **数据验证** 按钮
4. 选择**出错警告**选项卡。 　 **出错警告**页面打开。	单击**出错警告**选项卡
5. 选择**样式**列表。 　 显示**样式**列表。	单击**样式** ▼ 下拉列表
6. 选择所需的样式。 　 所需的样式出现在**样式**框中。	选择**警告**
7. 选择**标题**框。 　 插入点出现在**标题**框中。	单击**标题**框
8. 输入所需的标题。 　 文本显示在**标题**框中。	输入**销售错误**
9. 选择**错误消息**框。 　 插入点出现在**错误消息**框中。	单击**错误消息**框
10. 输入出现错误时要显示的消息。 　 文本显示在**错误消息**框中。	输入**销售额必须在 100 至 4000**
11. 选择**确定**。 　 **数据验证**对话框关闭，错误消息被保存。	单击 确定 按钮

在单元格 **F4** 中输入 **90**，然后按[**ENTER**]键。将打开一个带有自定义标题和消息的警告框。选择**是**可以输入您的数据，无需理会警告。

选中单元格 **F4**,在**数据工具**组单击**数据验证**按钮。在**出错警告**页面,把样式改为**停止**。单击**设置**选项卡,选择**对有同样设置的其他单元格应用这些更改**选项。单击**确定**按钮。

选择单元格 **F5**。输入 **1**,然后按〔**ENTER**〕键。注意错误信息会出现,并不允许继续使用不正确的输入值。单击**取消**按钮关闭消息。在单元格 **F5** 中输入 **200**。

3.8 删除数据验证

📖 步骤

删除数据验证。

1. 选择要删除数据验证的单元格。 选择单元格。	点击 **Division** 上面的⬇
2. 选择**数据**选项卡。 显示**数据**选项卡。	单击**数据**选项卡
3. 选择**数据工具**组中的**数据验证**按钮。 **数据验证**对话框打开。	单击 数据验证 ▾ 按钮
4. 选择**全部清除**。 **数据验证**对话框中的所有页面都会清除限制。	单击 全部清除(C) 按钮
5. 选择**确定**。 **数据验证**对话框关闭。数据验证从所选择的单元格删除。	单击 确定 按钮

单击任何单元格以取消选择区域。

关闭 **Data Validation. xlsx** 文件。

3.9 复习及练习

使用数据库函数

1. 打开 **Products List. xlsx** 文件并选择 **Products** 工作表。

2. 向 **ProductID** 列添加数据验证,仅接受 8 个字符的文本长度。

3. 为 **ProductID** 列的数据验证添加自定义输入消息,标题为 **ProductID,** 消息为 **Enter 8 characters**。

4. 使用列 **J** 中的命名区域 **categories,** 将数据验证添加到 **Category** 列。

5. 为 **Category** 列添加数据验证自定义错误消息,使用**停止**样式,标题为 **Invalid Category,** 消息为 **Select a valid Category from the drop-down list!**。

6. 在 **Category** 列中选择一个单元格,然后输入 **books** 来测试数据验证。单击错误消息框中的**取消**。

7. 选择 **SubTotal** 工作表。

8. 按 **Category** 的升序排列列表,然后按 **Cost Price** 降序排列列表。

9. 应用分级显示来计算 **Category** 中各选定汇总项的和。

10. 折叠分级显示,使得只有 **Category** 的分级显示和**总计**可见。

11. 展开 **Electronics** 的分级显示详情。

12. 关闭工作簿而不保存。

第 4 课

使用高级筛选

在本节中,您将学习以下内容:

- 自动筛选现有列表
- 建立条件区域
- 使用条件区域
- 撤销高级筛选
- 使用高级 AND 条件
- 使用高级 OR 条件
- 复制筛选记录
- 使用数据库函数
- 查找不重复的记录
- 从表中删除重复项

4.1　自动筛选现有列表

💡 概念

自动筛选可用于筛选电子表格中当前位置的数据。

👣 步骤

创建自动筛选。

打开 **Employees List. xlsx** 文件。使用自动筛选仅显示数值为＄35,000 的员工。

1. 单击数据区域内的任意位置。 选择列标题。	单击 **A8:H8** 中的任意位置
2. 单击**数据**选项卡的**排序和筛选**组中的**筛选**按钮。 所选区域内每个列标题均显示筛选箭头。	单击 〔筛选〕 按钮
3. 选择 **Salary** 列的筛选箭头。从下拉式筛选窗格中，取消选中**全选**复选框。 仅选择＄35,000 项目进行数据筛选。单击**确定**按钮。	单击 **Salary** 列的筛选箭头并仅选择＄35,000。

关闭 **Employees List. xlsx** 文件。

4.2 建立条件区域

概念

高级筛选选项用于在表中创建和应用高级筛选。要创建高级筛选,需要一个条件区域,即用于在工作表中输入所选条件的一系列单元格。条件区域的最低要求是一列和两行。条件区域必须位于表格外部或另一个工作表中。通常它们位于表格上方几行之间。条件区域的第一行的标签应该和表格完全一致,要做到这一点,最好的方法是从表格中复制标签行,并将其粘贴为条件区域的第一行。输入的筛选条件取决于你需要从表格中获取的信息的类型。表格可以看作一种数据库,因为它以行和列的表格形式存储表格。

要应用筛选,请使用高级筛选选项,从要筛选的表格中选择列表区域以及要应用的条件区域。可以选择在表格上显示筛选结果,或将筛选结果显示在您选择的表格外的其他位置。

步骤

创建条件区域。

打开 **Employees Filter. xlsx** 文件。

1. 选择数据库标题行。 　　列标题被选中。	选择 **A8:H8**
2. 在**开始**选项卡上,单击**剪贴板**组中的**复制**按钮。 　　复制的选择周围出现闪烁的选框。	单击 🗐 按钮
3. 选择要创建条件区域的单元格。 　　活动单元格显示在新位置。	单击单元格 **A3**
4. 在**开始**选项卡上,单击**剪贴板**中的**粘贴**按钮。 　　条件区域的列标签显示在新位置。	单击 📋 粘贴 按钮

按[ESC]键取消选择复制区域。单击任何单元格以取消选择粘贴区域。

4.3　使用条件区域

👣 步骤

使用条件区域筛选数据库。

1. 选择与要搜索的数据库列对应的条件标 　　签下方的单元格。 　　选择单元格。	选择单元格 **E4**
2. 输入所需的条件。 　　条件出现在单元格中。	输入 Sales
3. 按[**ENTER**]键。 　　文本被输入到单元格中。	按[**ENTER**]键
4. 选择数据库中的任何单元格。 　　选择单元格。	单击单元格 **A9**
5. 选择**数据**选项卡。 　　显示**数据**选项卡。	单击**数据**选项卡

（续表）

6. 选择**排序和筛选**组中的**高级**按钮。 **高级筛选**对话框打开，并在列表区域框中选择了表格区域。	单击 ▽高级 按钮
7. 在**条件区域**框中，单击**折叠对话框**按钮。 **高级筛选**对话框被折叠。	在条件区域框中单击 🖽
8. 选择条件区域。 出现虚线选框，表示选择了条件区域。	选择区域 **A3 : H4**
9. 单击**高级筛选-条件区域**对话框中的**扩展对话框**按钮。 **高级筛选**对话框展开。	在 **高级筛选-条件区域**对话框中单击 🖽
10. 选择**确定**。 **高级筛选**对话框关闭，只显示符合条件的记录。	单击 确定 按钮

4.4 撤销高级筛选

👣 步骤

显示数据库中的所有行。

如有必要，创建条件并筛选数据库。

1. 选择**数据**选项卡。 显示**数据**选项卡。	单击**数据**选项卡
2. 在**排序和筛选**组中选择**清除**按钮。 显示数据库中的所有行。	单击 ▽清除 按钮

删除单元格 **E4** 中的条件 **Sales**。

4.5　使用高级 AND 条件

🔧 步骤

在条件区域内使用 AND 条件。

使用 AND 运算符连接相同行的条件。

Last Name	First Name	Hire Date	Hire Month	Department	Division	Salary	Bonus
				support		<40000	

如有必要,请将数据库标题行复制到第 **3** 行,并删除条件区域内的任何先决条件。下面将使用条件来查找 **support** 部门工资低于 **40000** 的员工。

1. 选择与要搜索的数据库列对应的条件标签下方的单元格。 选择单元格。	选择单元格 **E4**
2. 输入所需的条件。 条件出现在单元格中。	类型选择**支持**
3. 按〔**ENTER**〕键。 文本被输入到单元格中。	按〔**ENTER**〕键
4. 选择与要搜索的第二个数据库列相对应的条件标签下方的单元格。 选择单元格。	选择单元格 **G4**
5. 输入所需的条件。 条件出现在单元格中。	输入＜**40000**
6. 按〔**ENTER**〕键。 文本被输入到单元格中。	按〔**ENTER**〕键
7. 选择数据库中的任何单元格。 选择单元格。	单击单元格 **A9**
8. 选择**数据**选项卡。 显示**数据**选项卡。	单击**数据**选项卡

（续表）

9. 在**排序和筛选**组中选择**高级**按钮。 **高级筛选器**对话框打开，并在列表区域框中选择表格区域。	单击 ▼高级 按钮
10. 单击**条件区域**框中的**折叠对话框**按钮。 **高级筛选**对话框展开。	在**条件区域**框点击 🖾
11. 选择条件区域。 虚线选框表示选择了条件区域。	选择区域 **A3∶H4**
12. 单击**高级筛选-条件区域**对话框中的**扩展对话框**按钮。 **高级筛选**对话框展开。	在**高级筛选-条件区域**对话框单击 🖾
13. 选择**确定**。 **高级筛选**对话框关闭，只显示符合条件的记录。	单击 确定 按钮

删除条件区域中的条件，并显示所有数据库记录。

4.6 使用高级 OR 条件

👣 **步骤**

在条件区域内使用 **OR** 条件。

使用 **OR** 运算符相连不同行的条件。

Last Name	First Name	Hire Date	Hire Month	Department	Division	Salary	Bonus
				administration			
						>=50000	

如有必要，请将数据库标题行复制到第 **3** 行，然后删除条件区域内的任何先决条件。下面将使用条件来查找 **administration** 部门的员工，或者工资大于或等于 **50000** 的员工。

1. 选择与要搜索的数据库列对应的条件标签下方的单元格。 选择单元格。	选择单元格 E4
2. 输入所需的条件。 条件出现在单元格中。	输入 administration
3. 按[ENTER]键。 文本被输入到单元格中。	按[ENTER]键
4. 选择与要搜索的第二个数据库列相对应的条件标签下方的单元格。 选择单元格。	选择单元格 G5
5. 输入所需的条件。 条件出现在单元格中。	输入 >= 50000
6. 按[ENTER]键。 文本被输入到单元格中。	按[ENTER]键
7. 选择数据库中的任何单元格。 选择单元格。	单击单元格 A9
8. 选择**数据**选项卡。 显示**数据**选项卡。	单击**数据**选项卡
9. 在**排序和筛选**组中选择**高级**按钮。 **高级筛选**对话框打开,并在列表区域框中选择表格区域。	单击 ▽高级 按钮
10. 单击**条件区域**框中的**折叠对话框**按钮。 **高级筛选**对话框被折叠。	在**条件区域**框单击
11. 选择条件区域。 虚线选框表示选择了条件区域。	选择区域 A3:H5
12. 单击**高级筛选-条件区域**对话框中的**扩展对话框**按钮。 **高级筛选**对话框展开。	在**高级筛选-条件区域**对话框中单击
13. 选择**确定**。 **高级筛选**对话框关闭,只显示符合条件的记录。	单击 确定 按钮

(图) 实践

1. 删除 **Salary** 条件。

2. 找到在 **Administration** 部门或 **Support** 部门工作的所有员工。

3. 删除所有条件并显示所有数据库记录。

4.7 复制筛选记录

(图) 步骤

将筛选的数据库行复制到另一个位置。

如有必要，请将数据库标题行复制到第 **3** 行，并删除条件区域中的任何条件。将按条件来查找不在 **Support** 部门的员工，并将其粘贴到第 **40** 行。

1. 选择与要搜索的数据库列对应的条件标签下方的单元格。 选择单元格。	选择单元格 **E4**
2. 输入所需的条件。 条件出现在单元格中。	输入 **< >** support
3. 按［**ENTER**］键。 文本被输入到单元格中。	按［**ENTER**］键
4. 选择数据库中的任何单元格。 选择单元格。	单击单元格 **A9**
5. 选择**数据**选项卡。 显示**数据**选项卡。	单击**数据**选项卡
6. 选择**排序和筛选**组中的**高级**按钮。 **高级筛选**对话框打开，并在列表区域框中选择表格区域。	单击 ▽高级 按钮

（续表）

7. 单击**条件区域**框中的**折叠对话框**按钮。 **高级筛选**对话框被折叠。	在**条件区域**框内单击
8. 选择条件区域。 虚线选框表示选择了条件区域。	选择区域 **A3：H4**
9. 单击**高级筛选-条件区域**对话框中的**扩展对话框**按钮。 **高级筛选**对话框展开。	在**高级筛选-条件区域**对话框中单击
10. 在**方式**下,选择**将筛选结果复制到其他位置**选项。 **将筛选结果复制到其他位置**选项被选中。	选中 ⊙ 将筛选结果复制到其他位置(O)
11. 单击**复制到**框旁边的**折叠对话框**按钮。 **高级筛选**对话框被折叠。	单击**复制到**框旁边的
12. 选择要复制筛选数据的位置左上角的单元格。 选择单元格。	单击单元格 **A40**
13. 选择**确定**。 **高级筛选**对话框关闭,只显示符合条件的记录。	单击 确定 按钮

根据需要滚动以查看复制的数据。然后删除复制的数据。删除所有条件并显示所有数据库记录。

4.8　使用数据库函数

💡 概念

数据库函数用于提供基于条件的计算。例如,在包括所有部门的员工表中,可能需要计算支持部门员工的工资。可以手动筛选数据来显示来自支持部门的员工,并对其求和;您也可以使用数据库函数来得到结果,而无需筛选数据。

数据库函数包括三个参数:数据库、字段和条件。

数据库:表或列表(包括标题行)。

字段:要在计算中使用的列的名称。

条件:定义函数条件的单元格。

常用的数据库函数有:

DCOUNT	在满足条件的行中,计算指定字段中带有数字或日期值的行数。
DCOUNTA	在满足条件的行中,计算指定字段中具有非空值的行数。
DSUM	计算满足条件的行的指定字段的总和。
DAVERAGE	计算满足条件的行的指定字段的数值平均值。
DMAX	确定满足条件的行的指定字段中的最大数值。
DMIN	确定满足条件的行的指定字段中的最小数值。

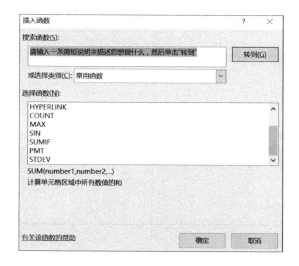

 步骤

使用数据库函数。

如果需要,将列标签复制到第 **3** 行,并删除条件区域内的任何先前条件。数据库区域为 **A8:H38**。您将计算在 1/1/2000 之前雇用的员工的平均工资,在单元格 **C4** 中输入条件<**1/1/2000**。

1. 选择要显示公式结果的单元格。 单元格被选中。	单击单元格 **D6**
2. 单击**公式**选项卡上的**插入函数**按钮。 **插入函数**对话框打开。	单击**公式**选项卡上的 fx 按钮
3. 选择**或选择类别**下拉列表。 显示函数类别列表。	单击**或选择类别** ▼
4. 选择**数据库**。 所有可用数据库函数的列表均显示在**选择功能**列表框中。	单击**数据库**函数类别
5. 在**选择函数**列表框中选择要使用的数据库函数的名称。 函数及其参数显示在**插入函数**对话框的底部。	单击 **DAVERAGE**
6. 选择**确定**。 **插入函数**对话框关闭,**函数参数**对话框打开,插入点位于**数据库**框中。	单击 确定 按钮
7. 选择数据库区域(包括标题行)。 数据库区域出现在**数据库**框中。	选择区域 **A8:H38**
8. 选择**字段**框。 插入点出现在**字段**框中。	单击**字段**框
9. 输入要在公式中使用的字段的列标签的地址或名称。 字段引用出现在**公式栏**中的**公式**中(Excel 将自动在名称周围添加引号)。	单击 **G8** 或输入 **Salary**
10. 选择**条件**框。 插入点出现在**条件**框中。	单击**条件**框
11. 输入标准区域的地址或名称。 区域地址出现在公式栏上的公式中。	选择区域 **A3:H4**
12. 选择**确定**。 **函数参数**框关闭,函数的结果出现在单元格中。	单击 确定 按钮

正确的答案是 **37,667.67 $**,它代表了在 **1/1/2000** 之前雇用员工的平均工资。

在 **C4** 中删除条件。在 **F4** 中输入条件 **4**。请注意，**D6** 单元格的 **DAVERAGE** 函数会重新计算。

4.9 查找不重复的记录

步骤

在数据库中查找不重复的记录。打开 **Unique. xlsx** 文件。

1. 选择数据库中的任何单元格。 选择单元格。	单击单元格 **A4**
2. 选择**数据**选项卡。 显示**数据**选项卡。	单击**数据**选项卡
3. 选择**排序和筛选**组中的**高级**按钮。 **高级筛选器**对话框打开，并在列表区域框中选择表格区域。	单击 ▽高级 按钮
4. 选择**选择不重复的记录**选项。 选择选项。	勾选 ☐ 选择不重复的记录(R) 复选框
5. 选择**确定**。 **高级筛选**对话框关闭，重复的记录被隐藏。	单击 ⬚确定⬚ 按钮

高级筛选 ? ✕

方式
⦿ 在原有区域显示筛选结果(F)
◯ 将筛选结果复制到其他位置(O)

列表区域(L): $I$1:$I$15 ⬆
条件区域(C): ⬆
复制到(T): ⬆

☑ 选择不重复的记录(R)

确定 取消

请注意,表格中会保留两个看似重复的记录。单击单元格 **F5** 和 **F6** 并查看**公式栏**中的单元格条目。条目不同,但它们在单元格中显示相同,因为单元格的格式设置为显示零位小数位。清除筛选重新显示所有记录。

4.10　从表中删除重复项

步骤

从表中删除重复项。

1. 选择表中的任何单元格。 　　选择单元格。	单击单元格 **A4**
2. 选择**数据**选项卡。 　　显示**数据**选项卡。	单击**数据**选项卡
3. 选择**数据工具**组中的**删除重复值**按钮。 　　**删除重复值**对话框打开,所有列被选中。	单击 ⬛ 删除重复值 按钮
4. 选择**确定**。 　　出现一个消息框,通知找到并删除的重复项数量以及剩余的唯一值数量。	单击 确定 按钮
5. 选择**确定**。 　　消息框关闭。	单击 确定 按钮

请注意,尽管删除了两个重复项,表格中仍存在一个似乎重复的项。单击单元格 **F5** 和 **F6**,然后查看**公式栏**中显示的详情。这两项虽然不同,但它们在表中看起来是相同的,因为 **Salary** 列的格式被设置为显示零个小数位。

再次点击**删除重复值**按钮。在**删除重复值**对话框中取消选择 **Salary** 列,然后单击**确定**按钮,一个重复项被删除。

关闭 **Unique. xlsx** 文件。

4.11 复习及练习

 使用高级筛选

1. 打开 **Movies. xlsx** 文件。

2. 将数据库标题行复制到工作表的第一行,创建一个条件区域。

3. 找到 **Comedy** 和 **Family** 类别下的所有评分低于 **8.5** 的电影。

4. 清除筛选以显示所有记录。

5. 找出所有以单词 **The** 开头的电影。

6. 清除筛选以显示所有记录。

7. 使用**高级筛选**对话框将 **Family** 类别下 **2000 年**以后发布的所有电影复制到从单元格 **A40** 开始的单元格区域。

8. 在单元格 **B6** 中使用 **DMAX** 函数,以找到 **Comedy** 电影的最高评分。

9. 关闭工作簿而不保存。

图 表 功 能

在本节中,您将学习以下内容:

- 组合使用柱状图和折线图
- 重新排列图表标题、图例、数据标签
- 设置坐标轴格式
- 更改坐标轴缩放
- 设置数据系列格式
- 添加来自不同工作表的数据
- 使用次坐标轴
- 更改数据系列图表类型
- 更改源数据区域

5.1 组合使用柱状图和折线图

💡 概念

柱状图和折线图在组合使用时，可以基于两个数据系列创建，显示一个数据系列的柱状图和另一个系列的折线图。

🏃 步骤

打开 **Charting. xlsx** 文件。如有必要，显示 **Combined** 工作表。

1. 选择图表中要使用的数据。	选择 **A3：F7**
2. 选择**插入**选项卡 显示**插入**选项卡。	单击**插入**选项卡
3. 在**图表**组中，选择**插入柱形图或条形图**。 显示**图类型**列表。	二维柱形图 三维柱形图 二维条形图 三维条形图 📊 更多柱形图(M)...
4. 选择图表类型。 应用图表类型。	选择**簇状柱形图**
5. 在**图表工具**下的功能区中，单击**设计**选项卡，然后从**类型**组中选择**更改图表类型**。 显示**更改图表类型**窗口。	单击 更改图表类型 按钮

（续表）

6. 在**更改图表类型**窗口中，选择**组合**。 组合选项出现。	选择**组合**选项
7. 在系列名 Q_2 旁的**为您的数据系列选择图表类型和轴：**下，选择图表类型为**折线图**并勾选**次坐标轴**框。确保任何其他数据系列的图表类型均为**簇状柱形图**，**次坐标轴**不勾选。单击**确定**按钮。 应用设置，并显示新的图表类型。	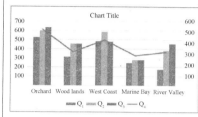

5.2 重新排列图表标题、图例、数据标签

💡 概念

图表标题、图例和数据标签等图表元素可以重新定位，即在图表上从一个位置移动到另一个位置。

👣 步骤

打开 **Charting. xlsx** 文件。如有必要，显示 **Reposition** 工作表。

重新定位图标题

1. 选择图表标题。 选择了图表标题。	单击 **Regional Sales Performance**
2. 选择**图表**右上角旁边的**图表元素**按钮。 出现图表元素及其复选框列表。	单击**图表元素**按钮

（续表）

3. 单击**图表标题**箭头以显示**图表上方**、**居中覆盖**等选项。选择**图表上方**。 注意：也可以通过在图表上拖动图表标题来更改图表标题的位置。	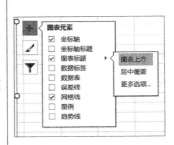

重新定位图例

1. 选择图表图例。 已选择图表图例。	单击包含 Milk Tea、Ice Blend、Fruit Juice、Milk Shake 的**图例**
2. 选择**图表**右上角旁边的**图表元素**按钮。 出现图表元素及其复选框列表。	单击**图表元素**按钮
3. 单击**图例**箭头以显示**右**、**顶部**、**左**、**底部**。 选择**底部**。 图例移动到表格下方。	

重新定位数据标签

1. 选择 Ice Blend 系列，红色列。 选择图表中的所有红色列。	单击 **Ice Blend**
2. 选择**图表**右上角旁边的**图表元素**按钮。 出现图表元素及其复选框列表。	单击**图表元素**按钮

（续表）

3. 单击**数据标签**箭头以显示**居中**、**数据标签内**、**轴内侧**、**数据标签外**、**数据标注**。选择**数据标签外**。

数据中的数字显示在列的上方。

5.3 设置坐标轴格式

🎵 步骤

设置坐标轴格式。

打开 **Charting. xlsx** 文件。如有必要，显示 **Chart1** 表。

1. 选择图表。 图表已选中，**图表工具**选项卡显示在功能区上。	单击图表
2. 选择**图表工具→格式**选项卡。 显示**格式**选项卡。	单击**格式**选项卡
3. 选择**当前所选内容**组中**图表元素**框的右侧箭头。 显示**图表元素**列表。	单击**图表区**框右侧的箭头 图表区
4. 选择要设置格式的图表元素。 选择元素，所选元素的名称将显示在**图表元素**框中。	单击**垂直(值)轴**
5. 选择**当前所选内容**组中的**设置所选内容格式**按钮。 **设置坐标轴格式**窗格打开。	单击 设置所选内容格式 按钮

（续表）

6. 从窗格中的列表中选择所需设置格式的组件。 组件的选项显示在窗格中。	单击**数字**
7. 选择所需的选项。 所选的选项被应用于图表元素。	● 从**类别**列表中选择**货币**。 ● 将小数位数改为 **0**，如有必要，从**符号**列表中选择美元符号（$）。 ● 在窗格中选择**刻度线**选项。 ● 单击**次要类型**刻度线，然后选择**外部**。
8. 选择关闭图标。 设置坐标轴格式窗格关闭。	单击 ✕ 按钮

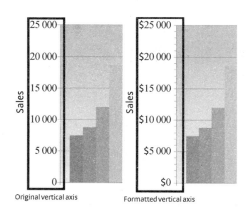

Original vertical axis　　　　Formatted vertical axis

5.4 更改坐标轴缩放

步骤

更改坐标轴缩放。

如有必要，显示 **Chart1** 表。

1. 选择图表。 图表已选中，**图表工具**选项卡显示在**功能区**上。	单击图表。

（续表）

2. 选择**图表工具**→**格式**选项卡。 　　显示**格式**选项卡。	单击**格式**选项卡
3. 选择**当前所选内容**组中的**图表元素**框的 　　右侧箭头。 　　显示**图表元素**列表。	单击**图表元素**框右侧的箭头 图表区　　　　　▼
4. 选择要设置格式的图表元素。 　　选择元素，所选元素的名称将显示在**图表 　　元素**框中。	单击**垂直(值)轴**
5. 选择**当前所选内容**组中的**设置所选内容 　　格式**按钮。 　　**设置坐标轴格式**窗格打开。	单击 ✎ **设置所选内容格式**　按钮
6. 从窗格中的列表中选择所需设置格式的 　　组件。 　　组件的选项显示在窗格中。	如果需要，单击**坐标轴**选项
7. 选择所需的**边界**选项并应用新值。 　　选择所需的选项。	在**最大值**选项中，输入 **20000**
8. 根据需要继续更改坐标轴的刻度值。 　　坐标轴刻度值相应地改变。	● 将**主要单位**值设为 **4000** ● **显示单位**选项选择**千**，以便 Excel 省略零
9. 选择**关闭**图标。 　　**设置坐标轴格式**窗格关闭。	单击 ✖ 按钮

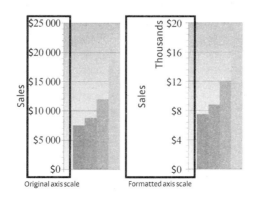

Original axis scale　　　　Formatted axis scale

5.5 设置数据系列格式

步骤

在图表中设置数据系列格式。

如有必要，显示 **Chart1** 表。

1. 选择图表。 图表已选中，**图表工具**选项卡显示在**功能区**上。	单击图表
2. 选择**图表工具→格式**选项卡。 显示**格式**选项卡。	单击**格式**选项卡
3. 选择**当前所选内容**组中**图表元素**框的右侧下拉列表。 显示**图表元素**列表。	单击**图表元素**框右侧的箭头 图表区
4. 选择要设置格式数据系列。 选择该系列，所选系列的名称显示在**图表元素**框中。	单击 **Milk Shake** 系列
5. 选择**当前所选内容**组中的**设置所选内容格式**按钮。 **设置数据系列格式**窗格打开。	单击 设置所选内容格式 按钮
6. 从窗格中的列表中选择所需设置格式的组件。 组件的选项显示在窗格中。	单击**填充与线条** 按钮
7. 在面板中选择所需的选项。 所选择的选项应用于您选择数据系列时。	● 如果需要，单击**填充**窗格 ● 选择**图片或纹理填充** ● 单击**文件**……浏览到**学生文件夹**并选择 **Milk Shake** 图像 ● 单击**插入**按钮 ● 选择**层叠**选项
8. 选择**关闭**图标。 该**数据系列格式**窗格关闭。	单击 × 按钮

实践

1. 在**图表工具→设计**选项卡中,选择图表布局组中的**添加图表元素**按钮,然后从打开的菜单中选择**数据标签**和**数据标签外**。
2. 单击系列中每个柱上方出现的标签之一。
3. 请注意,**格式**选项卡中的**图表元素**框显示已选择系列 **Milk Shake** 数据标签。
4. 单击**设置所选内容格式**以打开**设置数据标签格式**窗格。
5. 在**标签选项**部分,单击**类别名称**并将**分隔符**设置为**(分行符)**,然后关闭窗格。

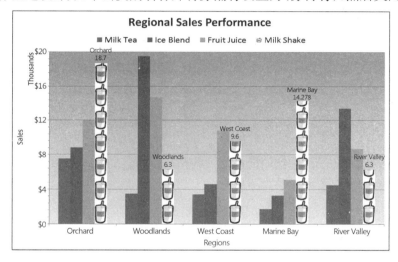

5.6 添加来自不同工作表的数据

步骤

添加来自不同工作表的数据系列。

显示 **Coupons** 工作表。

1. 选择要添加到图表的数据作为新的系列。 区域被选中。	选择 **A8：F8**
2. 在**开始**选项卡上的**剪贴板**中，单击**复制**按钮。 区域被复制到**剪贴板**。	单击 🗐 按钮
3. 显示包含图表的工作表。 显示工作表。	单击 **Chart1** 工作表选项卡
4. 选择图表。 图表已激活，**图表工具**选项卡显示在**功能区**上。	单击图表区域中的任意位置
5. 在**开始**选项卡上的**剪贴板**中，单击**粘贴**按钮。 新系列出现在图表和图例中。	单击 📋 按钮 粘贴

请注意，新系列在图表中几乎不可见；**垂直(值)轴**上的固定刻度不适用于新系列中的数据。

5.7 使用次坐标轴

步骤

使用次坐标轴。

如果需要，显示 **Chart1** 工作表。**Total Coupons** 数据系列中的值非常小，几乎不可识别。另外，以千美元计的**垂(价值)轴**量刻度不适用于 **Total Coupons** 数据系列。需要次坐标轴提供不同的刻度。

1. 选择图表。 图表已选中，**图表工具**选项卡显示在**功能区**上。	单击图表
2. 选择**图表工具**→**格式**选项卡。 显示**格式**选项卡。	点击**格式**选项卡

（续表）

3. 选择**当前所选内容**组中**图表元素**框的右侧箭头。 显示**图表元素**列表。	单击**图表元素**框右侧的箭头 图表区 ▾
4. 选择要根据次坐标轴绘制图表的数据系列。 选择该系列，所选系列的名称将显示在**图表元素**框中。	单击**系列 Total Coupons**
5. 选择**当前所选内容**组中的**设置所选内容格式**按钮。 **设置数据系列格式**窗格打开。	单击 ⬐设置所选内容格式 按钮
6. 在窗格中选择**系列选项**。 组件的选项显示在右侧窗格中。	▲ 系列选项 系列绘制在 ● 主坐标轴(P) ○ 次坐标轴(S)
7. 在**系列绘制在**下选择**次坐标轴**选项。 **次坐标轴**选项被选中。	单击 ○ 次坐标轴(S) 单选按钮
8. 选择**关闭**图标。 **设置数据系列格式**窗格关闭时，数据系列会根据次坐标轴绘制图表，次坐标轴的刻度显示在绘图区的右边。	单击 ✕ 按钮

单击图表的空白区域以取消选择该系列。注意根据次坐标轴绘制的数据系列与根据主轴绘制的数据系列重叠。次坐标轴系列需要绘制为不同的图表类型。

5.8 更改数据系列图表类型

步骤

更改数据系列图表类型。

如有必要，显示 **Chart1** 工作表。根据次坐标轴绘制的 **Total Coupons** 数据系列将叠加在根据主坐标轴绘制的数据系列上。次坐标轴系列需要绘制为不同的图表类型。

1. 右击要更改的数据系列。 将打开一个快捷菜单。	右击 **Total Coupons** 数据系列中的一列
2. 从快捷菜单选择**更改系列图表类型**命令。 **更改图表类型**对话框打开。	单击**更改系列图表类型**命令
3. 从对话框左侧窗格中的列表中选择要使用的常规图表类型。 一般图表类型被选中，右侧窗格根据需要滚动到图库的所选部分。	单击**组合**选项
4. 选择要用于特定系列**图表类型**下拉列表的特定**图表类型**。 具体的图表类型被选中。	点击 **Total Coupons** 系列**图表类型** 点击下拉列表 簇状柱形图 ⌄ 右侧的箭头 并选择**带数据标记的折线图**（折线图部分的第四个选项）
5. 选择**确定**。 **更改图表类型**对话框关闭，所选数据系列更改为新的图表类型。	单击 确定 按钮

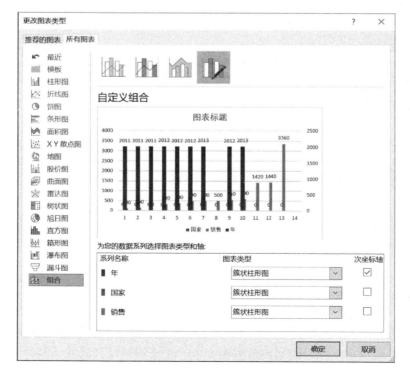

实践

1. 单击**图表工具→格式**选项卡,从**当前所选内容**组中的**图表元素**列表中选择系列 Total Coupons。

2. 单击**设置所选内容格式**按钮打开**设置数据系列格式**窗格,然后选择**填充与线条**。

3. 单击**标记**,在**数据标记选项**下,单击**内置**,然后单击**类型**列表,将标记的样式更改为菱形。

4. 使用**大小**数值框将大小增加到 **15**。

5. 选择**填充**并选择**纯色填充**选项。

6. 单击**颜色**下拉列表按钮,然后选择**深蓝色**(在**标准色**下,从右往左第二个选项)。

7. 关闭**设置数据系列格式**窗格,然后单击空白区域以取消选择数据系列。

5.9　更改源数据区域

概念

可以使用**选择源数据**功能来添加或删除图表中的数据内容。如需添加数据系列,请选择图表,然后单击功能区的**选择数据**,打开**选择数据源**对话框。单击**图例项(示例)**下的**添加**按钮。输入系列名称,并从希望显示在图表中的数据源中选择系列值。在单击**确定**按钮之前,图表将在**选择数据源**对话框中预览您所做的任何更改和选择。

步骤

显示 **Coupons** 工作表。如有必要,请选择图表,请切换行/列,以便在 X 轴上绘制行数据。

1. 选择**图表工具→设计**选项卡。 显示**设计**选项卡。	单击**设计**选项卡
2. 选择**数据**组的**选择数据**按钮。 **选择数据源**对话框打开。	单击 按钮
3. 从**图例项(系列)**列表框中,检查要删除的 数据系列。 数据系列未选中。	取消选中 Woodlands 选项
4. 选择**确定**按钮。 **选择数据源**对话框关闭,图表中的数据源 将相应修改。	单击 确定 按钮

关闭 **Charting. xlsx** 文件。

5.10 复习及练习

修改图表选项

1. 打开 **Tour Agency. xlsx** 文件。

2. 更改**数值轴**的刻度,以 **10** 的间隔显示**主要单位**,以 **2** 的间隔显示**次要单位**。

3. 使用美元符号将**数值轴**的数字格式更改为**货币**,不带小数位。

4. 添加**垂直(值)轴**标题 **in millions**,并将字体大小设置为 **12**。

5. 右侧显示**图例**。

6. 将 **Total Tour Sales** 数据系列的填充颜色设为**标准色**中的**紫色**。

7. 选择**入境旅游**数据系列,并将其与**次轴**进行比较。

8. 将 **Inbound Tours** 数据系列基于**次坐标轴**对该系列绘图。

9. 将**次坐标轴**格式设置如下:

- 将**字体大小**设为 **12**。
- 使用美元符号将**数字格式**更改为**货币**,不带小数位。
- 将**主要单位**的刻度改为 **1**,**次要单位**改为 **0.2**。

10. 在单元格 **F22** 中输入值 **13.51**,在单元格 **F23** 中输入值 **7.08**。

11. 复制输入的值,包括列标题(**F21:F23**),并将其粘贴到从 **G19** 开始的图表中。

12. 删除 **Expenses** 数据系列。

13. 将**数据标签**的显示位置设置为从 **G35** 开始为**数据标签外**。

14. 使用 **suitcase** 图像设置数据系列的填充。

15. 关闭工作簿而不保存。

创建/修改透视表

在本节中,您将学习以下内容:

- 创建数据透视表报告
- 添加数据透视表分析报告字段
- 选择报告筛选项
- 刷新数据透视表分析报告
- 更改求和函数
- 将新字段添加到数据透视表分析报告
- 移动数据透视表分析报告字段
- 隐藏/取消隐藏/排序数据透视表分析报告项目
- 删除数据透视表分析报告字段
- 创建报告筛选页面
- 设置数据透视表分析报告格式
- 创建数据透视图分析报告
- 手动分组数据

6.1 创建数据透视表报告

概念

使用数据透视表,可以根据类别和子类别将大量数据组织和汇总到易于阅读的表格中,进行报告和分析。在数据透视表中,可以扩展和折叠数据级别,也可以深入了解更多详细信息。可以创建自定义计算和公式,如运行总计、总计百分比。可以计算字段小计和总计并聚合数字数据,以折叠、汇总或分组数据。

要看源数据的不同摘要,可以将行移动到列或将列移动到行来创建透视表。

在创建数据透视表之前,需要了解数据的组织方式,这有助于您对要使用的数据和组织方式做出最佳决策。

适用于数据透视表的数据必须具有以下特点:

- 数据表的顶行必须包含列标题。
- 数据表的每一行必须包含有关特定实体或事务的记录。
- 数据表的每列必须具有相同的信息。
- 数据表不能有任何空行。
- 数据表不能有空列。

如果值不可用,则包含数字的列必须使用零,而不是将单元格留空。

步骤

创建数据透视表报告。

打开 **Employees Pivot. xlsx** 文件。

1. 在工作表中选择一个包含数据的单元格。 单元格被选中。	单击单元格 **A4**
2. 选择**插入**选项卡。 显示**插入**选项卡。	单击**插入**选项卡
3. 选择**表格**组的**数据透视表**按钮。 **创建数据透视表**对话框打开，并在工作表上选择数据区域。	单击 数据透视表 按钮
4. 选择您希望**数据透视表**报告出现的位置。 选择该选项。	如果需要，选中 ◉新工作表(N) 单选按钮
5. 选择**确定**。 **创建数据透视表**对话框关闭。显示一个新的工作表，**数据透视表字段列表**窗格打开。**数据透视表工具**上下文选项和**设计**选项卡显示在**功能区**上。	单击 确定 按钮

6.2 添加数据透视表分析报告字段

💡 概念

数据透视表创建后，显示数据透视表列表窗格，用于添加和排列数据透视表中的字段。窗格的字段部分用于选择要在数据透视表中显示的字段；窗格的区域部分用于在数据透视表中排列字段。

在数据透视表字段列表窗格中的区域部分，我们可以看到右图，在这里可以选择透视表中显示的字段。可以将字段从一个区域拖动到另一个区域，以更改数据透视表中的显示方式。

筛选：放置在此处的字段显示为位于数据透视表上方的第一层报表过滤。

列：通常放在此处的字段显示为位于数据透视表顶部的列标签。

行：通常非数字字段放置在此处，并显示为位于数据透视表左侧的行标签。

∑值：通常将数字字段放在此处，并在数据透视表中显示为汇总数值。

步骤

将字段添加到数据透视表报告。

1. 从**数据透视表字段列表**窗格中的字段部分中选择所需的字段名称，然后拖动到布局部分中的**行**框中。 所选字段名称将突出显示，鼠标指针将更改为移动手柄。当拖动到布局部分中所需的位置时，将显示字段名称标签。	将 **Department** 字段拖到行框中
2. 释放鼠标按钮。 所选字段名称将显示在该行的布局部分中。数据透视表工作表显示该字段的数据值列表。	释放鼠标按钮
3. 如有必要，请从**数据透视表字段列表**窗格中的字段部分中选择下一个所需字段名称，然后拖动到布局部分中的**行**框中。 所选字段名称将突出显示，鼠标指针将更改为移动手柄。当您拖动到布局部分中所需的位置时，将显示字段名称标签。	将 **Gender** 字段拖到行框中
4. 释放鼠标按钮。 所选字段名称将显示在该行的布局部分中。数据透视表工作表显示该字段的数据值列表。	释放鼠标按钮
5. 从**数据透视表字段列表**窗格中的字段部分中选择所需的字段名称，然后拖动到布局部分的**列**框中。 所选字段名称将突出显示，鼠标指针将更改为移动手柄。当您拖动到布局部分中所需的位置时，将显示字段名称标签。	将 **Division** 字段拖到列框中

（续表）

6. 释放鼠标按钮。 所选字段名称将显示在布局部分的**列框**中，并显示列标签，以及数据透视表报表工作表中的**总计**列和行。	释放鼠标按钮
7. 从**数据透视表字段列表**窗格中的字段部分中选择所需的字段名称，然后拖动到布局部分中的**值框**。 所选字段名称将突出显示，鼠标指针将更改为移动手柄。当您拖动到布局部分中所需的位置时，将显示字段名称标签。	将 **Salary** 字段拖到**值框**中
8. 释放鼠标按钮。 所选字段名称显示在布局部分的**值框**中。字段的数据值，连同**总计**值，显示在**数据透视表**报告的工作表中。	释放鼠标按钮

Sum of Salary	Column Labels				
Row Labels	2	3	4	5	Grand Total
⊟ Administration	143000	117000	60000	65000	385000
Female	51000	55000	60000	65000	231000
Male	92000	62000			154000
⊟ New Tech	392000		122000	72000	586000
Female	117000			72000	189000
Male	275000		122000		397000
⊟ Sales	455000	174000	226000	69000	924000
Female	207000		190000	34000	431000
Male	248000	174000	36000	35000	493000
⊟ Support	310000	190000	61000	92000	653000
Female	156000	130000	29000	92000	407000
Male	154000	60000	32000		246000
Grand Total	1300000	481000	469000	298000	2548000

6.3 选择报告筛选项

 步骤

选择报告筛选项。

1. 从**数据透视表列表**窗格中的字段部分中选择所需的字段名称,然后拖动到布局部分的**筛选**框中。 所选字段名称将突出显示,鼠标指针将更改为移动手柄。当您拖动到布局部分中所需的位置时,将显示字段名称标签。	将 **Level** 字段拖到**筛选**框中
2. 释放鼠标按钮。 所选字段名称显示在布局部分的**筛选**框中,字段名称显示在数据透视表报表工作表中。	释放鼠标按钮
3. 单击报告筛选字段列表。 显示可用字段值的列表。	单击单元格 **B1** ▼
4. 选择所需的项。 选择项目。	单击 **Management**
5. 选择**确定**。 数据透视表中仅显示所选项的数据。	点击 确定

▼ 筛选	⊪ 列
☰ 行	Σ 值
国家 ▼	求和项:年 ▼

请注意,只显示所选级别 **Management** 的数据。

Level	Management				
Sum of Salary	**Column Labels**				
Row Labels	**2**	**3**	**4**	**5**	**Grand Total**
⊟ Administration	110000	55000	60000	65000	290000
Female	51000	55000	60000	65000	231000
Male	59000				59000
⊟ New Tech	105000		52000	72000	229000
Female				72000	72000
Male	105000		52000		157000
⊟ Sales	251000	113000	125000		489000
Female	112000		125000		237000
Male	139000	113000			252000
⊟ Support	108000	110000			218000
Female	50000	50000			100000
Male	58000	60000			118000
Grand Total	574000	278000	237000	137000	1226000

6.4 刷新数据透视表分析报告

📑 步骤

刷新数据透视表报告。

如果需要，显示 **Sheet1** 工作表，然后从 **Level** 报告筛选字段中选择 **Management**。显示 **List** 工作表。将单元格 **H9** 中的数字从 **60000** 更改为 **62000**。然后再次显示 **Sheet1** 工作表。注意，**60000** 仍然出现在 **Division 4** 的 **Administration**、**Female**字段里。

1. 右击数据透视表报表中的任意单元格以显示快捷菜单。 **数据透视表**快捷菜单打开。	右击单元格 **A3**
2. 选择**刷新**命令。 数据透视表报告更新。	单击**刷新**命令

选择 **Level** 报告筛选字段的全部（**All**），显示所有级别的数据。注意显示数据的更改。

6.5 更改求和函数

步骤

更改值字段的求和函数。

1. 右击数据透视表报表中的任意单元格以显示快捷菜单。 **数据透视表**快捷菜单打开。	右击单元格 **B5**
2. 选择**值字段设置(N)...**命令。 **值字段设置**对话框打开。	单击**值字段设置(N)...**命令
3. 从**值字段**的汇总方式列表框选择所需的求和函数。 选择汇总功能。	选中**计数**函数
4. 选择**确定**。 **值字段设置**对话框关闭。数据透视表报告进行相应的求和。	单击 确定 按钮

Level	(All)				
Count of Salary	**Column Labels**				
Row Labels	**2**	**3**	**4**	**5**	**Grand Total**
⊟Administration	3	3	1	1	8
Female	1	1	1	1	4
Male	2	2			4
⊟New Tech	10		3	1	14
Female	3			1	4
Male	7		3		10
⊟Sales	10	4	5	2	21
Female	5		4	1	10
Male	5	4	1	1	11
⊟Support	8	4	2	3	17
Female	4	3	1	3	11
Male	4	1	1		6
Grand Total	**31**	**11**	**11**	**7**	**60**

将 **Salary** 字段的求和函数重置为 **Sum**。

6.6 将新字段添加到数据透视表分析报告

步骤

将一个字段添加到数据透视表报告。

如有必要,显示 **Sheet1** 工作表,然后单击数据透视表报告以打开**数据透视表字段列表**窗格。

1. 将要从**数据透视表字段列表**窗格顶部添加到数据透视表报表的字段拖放到窗格底部布局区域中所需的部分。 该字段将添加到**数据透视表字段列表**窗格的相应部分,并添加到数据透视表报表。	将 **Bonus** 字段拖动到**值**部分中 **Sum of Salary**字段下方的位置
2. 释放鼠标按钮。 所选字段名称显示在布局部分的相应框中,字段名称显示在数据透视表报告工作表中。	释放鼠标按钮

现在,可以很容易地看到每个部门的男女性员工的总工资和奖金。

实践

1. 把 **Sum of Bonus** 从报表的**值**部分拖动到**数据透视表字段列表**窗格顶部的区域,将其从**值**部分删除。

2. 把 **Gender** 字段从报表的**行**部分拖动到**数据透视表字段列表**窗格顶部的区域,将其从**行**部分删除。

3. 将 **Emp ID** 字段添加到**值**区域,方法为将 **Emp ID** 字段拖动到 **Sum of Salary** 字段下。

6.7　移动数据透视表分析报告字段

步骤

移动数据透视表分析报告字段。

1. 从**数据透视表列表**窗格下半部分的相关区域中选择所需的字段名称，然后拖动到所需的区域。 所选字段名称将突出显示，鼠标指针将更改为移动手柄。当您拖动到所需区域时，将显示字段名称标签。	将 Division 字段拖到行框中 Department 字段下方的位置
2. 释放鼠标按钮。 所需的字段显示在布局部分中所需的目标区域中，数据透视表报告在工作表上相应更新。	释放鼠标按钮

请注意，该 Division 字段现在显示为 Department 字段的子字段。

实践

1. 拖动 Division 至 Department 字段上方，首先按 Division，然后再按 Department 排列数据。

2. 关闭 Employee Pivot. xlsx 文件而不保存。

6.8 隐藏/取消隐藏/排序数据透视表分析报告项目

步骤

隐藏和取消隐藏数据透视表报表中的项目。

打开 **Trips Pivot. xlsx** 文件。显示 **Sheet1** 工作表。

1. 选择包含要隐藏或取消隐藏的项目的**行标签**或**列标签**列表。 可用项目的列表显示在下部窗格中。	点击 行标签
2. 选择要隐藏的项目,或选择要取消隐藏的项目。 该项目被取消选择或选择。	单击☑ **Edina** 可取消选择
3. 根据需要继续取消选择或选择项目。 项目被取消选择或选择。	单击☑ **Maplewood** 可取消选择
4. 选择**确定**。 关闭可用项目列表,并在数据透视表报表中隐藏或取消隐藏这些字段。	单击 确定 按钮

请注意,**Edina** 和 **Maplewood** 不再显示在数据透视表中。

实践

1. 通过选择(**全选**)来取消隐藏 Office 项目列表中的数据。

2. 还可以按升序或降序对数据进行排序:

　　● 选择**行标签**或**列标签**列表。

● 如果要按升序对数据**排序**，请单击**升序**；如果要按降序对数据进行排序，
请单击**降序**。

6.9　删除数据透视表分析报告字段

步骤

删除数据透视表分析报告字段。

在**数据透视表字段列表**窗格中，取消选中要删除的字段框。 该字段从数据透视表报告中删除。	单击 ☑ **Tickets** 取消选择

6.10　创建报告筛选页面

步骤

创建报告筛选页面。

将**数据透视表列表**窗格中的**日期**字段拖到**筛选**框中的 **Commission** 字段上方。

1. 选择**数据透视表工具**上下文**分析**选项卡。 显示**分析**选项卡。	单击**分析**选项卡
2. 选择**数据透视表**组中**选项**按钮上的下拉列表。 **选项**菜单打开。	单击 ▦ **选项 ▾** 按钮
3. 选择**显示报告筛选页...**命令。 显示报告筛选页对话框打开。	点击 ▦ 显示报表筛选页(P)... 命令

（续表）

4. 选择要为其创建报告筛选页的报告筛选字段。 　　选择报告筛选字段。	选择 Commission
5. 选择**确定**。 　　关闭**显示报告筛选页**对话框，并为报告筛选字段中 　　的每个项目创建报告筛选字段报告。	单击　确定　按钮

查看每个报表筛选字段报告。显示 **Sheet1** 工作表。双击单元格 **B9** 中的详细项目；插入一个新工作表并在表中显示数据项详细信息。

6.11 设置数据透视表分析报告格式

步骤

使用**数据透视表样式**设置**数据透视表报告**格式。

如有必要，显示 **Sheet1** 工作表。单击数据透视表报告中的任何位置以激活它。

1. 选择**数据透视表工具**上下文选项卡上的**设计**选 　项卡。 　　显示**设计**选项卡。	单击**设计**选项卡
2. 选择**数据透视表样式**组中的**其他**按钮。 　　该**数据透视表样式**库打开。	单击数据透视表样式中▽按钮
3. 选择所需的样式。 　　该**数据透视表样式**库关闭，样式应用到数据透 　视表。	根据需要滚动，然后单击数据透 视表 **样式中等深浅 13**

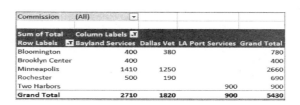

6.12　创建数据透视图分析报告

步骤

创建数据透视图分析报告。

显示 **Ticket Sales** 工作表。

1. 选择列表/数据库中的任何单元格。 活动单元格相应地移动。	单击单元格 **A2**
2. 选择**插入**选项卡。 显示**插入**选项卡。	单击**插入**选项卡
3. 选择图表组的**数据透视图**按钮。 **创建数据透视图**对话框打开。	单击　　　　　按钮
4. 选择数据透视表和数据透视图生成的位置。 选择该选项。	如果需要，单击 ◉ 新工作表(N)
5. 将所需字段从**数据透视表字段列表**窗格的上半部分拖放到窗格下半部分的所需区域。 该字段出现在所需的区域。	将 **Office** 拖动到**轴（类别）**框中
6. 按照要在数据透视图上显示的字段的要求，重复步骤 5。 这些字段显示在**数据透视表字段列表**窗格下部的各自区域中，并创建数据透视图。	● 将 **Total** 字段拖动到**值**框中 ● 将 **Commission** 字段拖动到**图例（系列）**框中

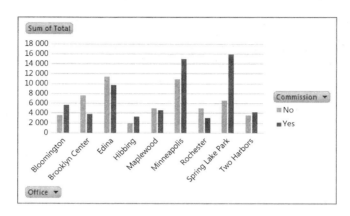

关闭 **Trip. xlsx** 文件。

6.13 | 手动分组数据

💡 概念

除了使用数据透视表提供的组之外，还可以手动创建组数据。例如，可以将 **Quarter 1** 和 **Quarter 2** 数据分组显示在一组下。

👣 步骤

对数据透视表的字段进行分组。

打开 **Pivot Group. xlsx** 文件。显示 **Sheet1** 工作表。

1. 选择要分组的单元格区域。 选择指定的单元格。	选择单元格区域 **A4：A19**

2. 选择**数据透视表工具**上下文选项卡上的
    分析选项卡。
    显示**分析**选项卡。
	单击**分析**选项卡

（续表）

3. 选择**分组**组中的**分组选择**按钮。 　　所选单元格被分组。	单击 ➜ **分组选择** 按钮
4. 选择新组的标题。 　　组标题被选中。	单击单元格 **A4**
5. 输入组的名称，然后按［**ENTER**］键。 　　该组已重命名。	输入 **Quarter 1 & 2**，然后按［**ENTER**］键

要取消组合数据，请选择要取消组合的项目，右击，然后单击**取消组合**命令。

实践

1. 将 **Quarter 1 & 2** 重命名为 **First Half（Year）**。

2. 将 **Qtr 3** 和 **Qtr 4** 设为一组，将组命名为 **Second Half（Year）**。

3. 折叠级别，使得只有**组**和**总计**可见。

4. 关闭 **Pivot Group. xlsx** 文件。

6.14　复习及练习

 创建和修改数据透视表报告

1. 打开 **Cards. xlsx** 文件。

2. 从数据区域 **A3：H207** 创建数据透视表报告。将数据透视表报告放在新的工作表中。

3. 使用 **Date** 列表仅显示 **02／08／2012** 的销售。

4. 显示 **Transactions** 工作表，将单元格 **F6** 中的数字更改为 **231**。

5. 显示 **Sheet1** 工作表并刷新数据透视表报告。

6. 更改 **Date** 列表以显示所有日期。

7. 创建以下布局。

字段	区域
Date	筛选
Section	行
Payment Type	列
Total	值

8. 将 **Date** 字段移动到**行**区域。

9. 将**值**区域的求和函数更改为 **Count**，显示每个日期的交易笔数。然后将求和函数改回 **Sum**。

10. 按照 **Month** 对日期分组。

11. 将列标签 **MasterCard** 和 **Visa** 合为一组，将该组命名为 **Credit Card**。

12. 将分组的 **Date** 字段移动到**筛选**区域。

13. 在 **Section** 字段中，隐藏 **Bags** 和 **Shoes**。

14. 在**筛选**区域，为每一个 **Month** 单独创建数据透视表。

15. 选择 **Aug** 工作表并应用**数据透视表样式深色 6**。

16. 关闭工作簿而不保存。

第 7 课

使用审核工具和区域名称

在本节中,您将学习以下内容:

- 跳转到命名区域
- 分配名称
- 在公式中使用区域名称
- 从标题创建区域名称
- 应用区域名称
- 删除区域名称
- 在三维公式中使用区域名称
- 显示/删除追踪从属单元格箭头
- 显示/删除追踪引用单元格箭头
- 显示公式

7.1 跳转到命名区域

💡 概念

在电子表格中对单元格区域进行命名后，可以很容易地快速找到单元格区域。在给单元格区域取了一个描述性的名称后，该名称将存储在位于公式栏末尾的**名称框**下拉列表中。当打开**名称框**下拉列表并单击单元格区域名称时，该区域将立即显示并被选中。

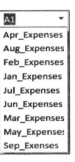

👣 步骤

跳转到一个命名区域。

打开 **Range Names. xlsx** 文件。

1. 在公式栏上单击**名称框**列表的下拉箭头。将出现可用命名区域的列表。	单击 A1 下拉箭头
2. 选择所需区域的名称。出现区域。	单击 **Aug_Expenses**

请注意,活动单元格移动到 **Second Half** 工作表。使用**名称框**列表上的 **Jan_Ex-penses** 名称返回 **First Half** 工作表。

7.2　分配名称

概念

命名单元格区域时必须遵循一定的规则:

● 所有名称必须以字母开头。

● 名称可以包含下划线(_),但名称不能有空格或任何其他特殊字符。

● 所有的名字必须彼此不同。

无法创建与有效单元格地址相同的区域名称。例如,**BB12** 不是有效的区域名称,因为每个工作表都有一个地址为 **BB12** 的单元格。

步骤

为区域分配名称。

如有必要,请前往 **First Half** 工作表。

1. 选择要命名的单元格或区域。 　 选择区域。	单击单元格 **H3**
2. 单击公式栏中的**名称框**。 　 **名称框**中的单元格引用被选中。	单击**名称框**
3. 输入所需的名称。 　 文本显示在**名称框**中。	输入 First_Income
4. 按〔 **ENTER**〕键。 　 名称被保存并出现在**名称框**中。	按〔 **ENTER**〕键

实践

1. 将单元格 **H9** 命名为 **First_Expenses**。

2. 在 **Second Half** 工作表中,将 **H3** 单元格被命名为 **Second_Income**,**H9** 单元格被命名为 **Second_Expenses**。

3. 要从单元格区域中删除名称:

   ① 在**公式**选项卡中的定义的名称组中,选择**名称管理器**。

   ② 从**名称**列表框中选择要删除的**名称**,然后单击**删除**命令。

   ③ 单击**确定**按钮。

   ④ 单击**关闭**按钮。

7.3 在公式中使用区域名称

步骤

在公式中使用区域名称。

如有必要,请转到 **First Half** 工作表。在单元格 **A16** 中输入 **% of Expenses**。

1. 选择要在其中显示公式结果的单元格。 单元格被选中。	单击单元格 **B16**
2. 打开公式或函数。 公式出现在单元格和公式栏中。	输入 ＝ **B9/**
3. 在公式中的相应位置输入所需的名称。 该名称出现在单元格和公式栏中。	输入 **First_Expenses**
4. 按〔**ENTER**〕键。 公式的结果出现在单元格中。	按〔**ENTER**〕键

实践

1. 选择单元格 **C16**，输入＝ **C9/**，然后按功能键［**F3**］。
2. 选择 **First_Expenses**，单击**确定**按钮，然后按［**ENTER**］键完成公式。
3. 将公式复制到区域 **D16：G16**。
4. 单击区域 **D16：G16** 中的任何单元格。

（**注意**：当**复制**单元格时，名称没有改变。）

7.4 从标题创建区域名称

概念

行和列的名称通过使用行的第一个或最后一个单元格或列的顶部或底部单元格中的任何文本创建。行或列名称存储在位于结尾的名称框下拉列表中公式栏里。当打开名称框下拉列表并单击行或列名称时，对应的行或列会立即显示并被选中。行或列中包含所取名称的文本的单元格不会被显示并选中。

步骤

从标题创建区域名称。

如有需要，请前往 **First Half** 工作表。

1. 选择要命名的区域，以及包含所需区域名称的行或列标题。 选择区域。	选择单元格区域 **A5：G8**
2. 选择**公式**选项卡。 将显示**公式**选项卡。	单击**公式**选项卡

（续表）

3. 选择**定义的名称**组中的**根据所选内容创建**按钮。 **根据所选内容创建名称**对话框打开。	单击 ⊞**根据所选内容创建** 按钮
4. 在**根据所选内容创建名称**对话框中，选择对应于所需名称位置的选项。 选择该选项。	如果需要，勾选 ☐ **最左列(L)** 复选框
5. 选择**确定**。 **根据所选内容创建名称**对话框关闭，从行和/或列标题创建名称完毕。	单击 ⊡**确定**⊡按钮

在公式栏上显示名称框列表（请注意，区域中的每个标题都创建了名称）。选择 Utilities 名称。单击任何单元格以取消选择区域。

7.5 应用区域名称

💡 概念

要在现有公式中使用区域名称，必须在现有公式中替换具有区域名称的单元格引用。该操作被称为应用区域名称。

👣 步骤

将区域名称应用于公式。

如有需要，请前往 **First Half** 工作表。

1. 选择要应用区域名称的单元格或区域。 选择单元格或区域。	选择单元格 **B14**
2. 选择**公式**选项卡。 显示**公式**选项卡。	单击**公式**选项卡
3. 在**定义的名称**组中选择**定义名称**下拉列表。 **定义名称**菜单打开。	单击 ⊞**定义名称** ▾ 下拉列表

（续表）

4. 选择**应用名称**……命令。 **应用名称**对话框打开，任何建议的名称都 在**应用名称**列表框中突出显示。	单击**应用名称**……命令
5. 如果需要，在**应用名称**列表框中选择要应 用的名称。 选择名称。	在**应用名称**列表框中选择以下名称： ● **First_Income** ● **First_Expenses**
6. 选择**确定**。 **应用名称**对话框关闭，名称将替换所选区 域内所有公式中的单元格地址。	单击 确定 按钮

请注意，单元格地址已被公式中的名称替换。

7.6　删除区域名称

步骤

删除区域名称。

如有需要，请前往 **First Half** 工作表。

1. 选择**公式**选项卡。 将显示**公式**选项卡。	单击**公式**选项卡
2. 选择**定义的名称**组中的**名称管理器**按钮。 **名称管理器**对话框打开。	单击 名称 管理器 按钮
3. 从**名称**列表框中选择要删除的**名称**。 选择区域名称。	单击 **First_Income**
4. 选择**删除**。 将打开一个警告对话框。	单击 删除(D) 按钮
5. 选择**确定**。 区域名称从工作簿中删除，警告对话框关闭。	单击 确定 按钮
6. 选择**关闭**。 **名称管理器**对话框关闭。	单击 关闭 按钮

实践

1. 单击单元格 **B14**。

（注意：单元格 **B14** 中的公式现在显示错误消息 **#NAME?**，并出现**错误检查**按钮。）

2. 为区域 **H3** 重新创建区域名称 **First_Income**。

（注意：公式已更新。）

7.7 在三维公式中使用区域名称

步骤

在三维公式中使用区域名称。

1. 选择要在其中创建公式的工作表。 工作表出现。	单击 **Summary** 工作表选项卡
2. 选择要在其中创建公式的单元格。 单元格被选中。	单击单元格 **B3**
3. 输入＝ 开始公式。 单元格和公式栏中出现等号（＝）。	输入＝
4. 按功能键〔**F3**〕。 **粘贴名称**对话框打开。	按功能键〔**F3**〕
5. 双击所需的名称。 该名称出现在单元格和公式栏中。	双击 **First_Income**
6. 输入所需的数学运算符。 出现数学运算符。	输入＋
7. 根据需要输入名称和数学运算符以完成公式。 该公式出现在公式栏中。	双击 **Second_Income**
8. 按〔**ENTER**〕键。 公式的结果出现在单元格中。	按〔**ENTER**〕键

实践

1. 在单元格 **B9** 中输入公式＝ **First_Expenses** ＋ **Second_Expenses**。

2. 选择单元格 **B11** 并启动 **AutoSum** 函数。

3. 选择 **First Half** 工作表,然后选择单元格区域 **B11:G11**。

4. 按［**SHIFT**］键并选择 **Second Half** 工作表。按［**ENTER**］键。

5. 关闭 **Range Names.xlsx** 文件。

7.8　显示/删除追踪从属单元格箭头

步骤

显示/删除追踪从属单元格箭头。

打开 **Audit.xlsx** 文件。

1. 选择要查看其依赖的单元格。 单元格被选中。	单击单元格 **E5**
2. 选择**公式**选项卡。 将显示**公式**选项卡。	单击**公式**选项卡
3. 要查看单元格的直接从属关系,请选择**公式审核**组中的**追踪从属单元格**按钮。 追踪箭头指向每个直接从属单元格。	单击 追踪从属单元格 按钮
4. 要查看第一级间接从属关系,请再次选择**公式审核**组中的**追踪从属单元格**按钮。 其他追踪箭头指向第一级间接从属单元格。	单击 追踪从属单元格 按钮

（续表）

5. 要查看其他级别的间接从属关系，请根据需要在**公式审核**组中选择**追踪从属单元格**按钮。 其他追踪箭头指向间接下一级间接从属单元格。	单击 追踪从属单元格 按钮
6. 要删除所有追踪箭头，请选择**公式审核**组中的**移去箭头**按钮。 所有追踪箭头都从工作表中删除。	单击 移去箭头 ▾ 按钮

	E Qtr 4	F Total	G Qtr 1	H Qtr 2	I Qtr 3	J Qtr 4	K Total	L Yearly Average
					This Year			
5	2,445	10,457	2,488	2,442	2,666	3,333	10,929	10,693
6	23,232	84,272	5,644	33,331	24,445	43,555	106,975	95,624
7	144	1,134	58	3,555	433	1,333	5,379	3,257
8								
9	25,821	95,863	8,190	39,328	27,544	48,221	123,283	109,573
10								
11	Qtr 4	Total	Qtr 1	Qtr 2	Qtr 3	Qtr 4	Total	
12	433	2,209	334	344	345	766	1,789	1,999
13	1,200	4,966	1,233	1,100	1,433	1,200	4,966	4,966
14	555	2,198	544	655	444	555	2,198	2,198
15	-	3,566	3,566	-	-	-	3,566	3,566
16	311	1,410	344	433	322	311	1,410	1,410
17	67	268	56	45	55	43	199	234
18	1,125	4,500	1,275	1,275	1,275	1,275	5,100	4,800
19	766	11,306	667	665	544	677	2,553	6,930
20								
21	4,457	30,423	8,019	4,517	4,418	4,827	21,781	26,102
22								
23	30,278	126,286	16,209	43,845	31,962	53,048	145,064	135,675

 实践

1. 选择单元格 **F9**。

2. 单击**追踪从属单元格**按钮，显示直接从属关系。

   ［**注意**：两个单元格（单元格 F23 和 L9）是直接从属单元格。］

3. 再次单击**追踪从属单元格**按钮显示第一级间接从属关系（单元格 **L23**）。

4. 再次单击**追踪从属单元格**按钮。

5. 没有显示其他箭头，说明没有更多级别的从属单元格。

6. 选择**移去箭头**按钮。

7. 注意，在 Excel 中删除下一级的箭头。

7.9 显示/删除追踪引用单元格箭头

步骤

显示/删除追踪引用单元格箭头。

1. 选择包含要查看其引用单元格的公式的单元格。 单元格被选中。	单击单元格 **L9**
2. 选择**公式**选项卡。 显示**公式**选项卡。	单击**公式**选项卡
3. 要查看公式的直接引用单元格，请在**公式审核**组中选择**追踪引用单元格**按钮。 追踪箭头从每个直接引用单元格指向包含公式的单元格。	单击 ⊞追踪引用单元格 按钮
4. 要查看第一级间接引用单元格，请再次选择**公式审核**组中的**追踪引用单元格**按钮。 其他的追踪图箭头从第一级间接引用单元格指向直接引用单元格。	单击 ⊞追踪引用单元格 按钮
5. 要查看其他级别的间接引用单元格，请根据需要在**公式审核**组中选择**追踪引用单元格**按钮。 其他的追踪图箭头指向下一级间接引用单元格。	单击 ⊞追踪引用单元格 按钮
6. 要删除所有追踪箭头，请选择**公式审核**组中的**移去箭头**按钮。 所有追踪箭头都从工作表中删除。	单击 ⊠移去箭头 · 按钮

	B	C	D	E	F	G	H	I	J	K	L
5	3,000	3,012	2,000	2,445	10,457	2,488	2,442	2,666	3,333	10,929	10,693
6	12,963	25,632	22,445	23,232	84,272	5,644	33,331	24,445	43,555	106,975	95,624
7	258	466	266	144	1,134	58	3,555	433	1,333	5,379	3,257
8											
9	16,221	29,110	24,711	25,821	95,863	8,190	39,328	27,544	48,221	123,283	109,573

⊙ 实践

1. 选择单元格 **F9**。

2. 单击**追踪引用单元格**按钮显示直接引用单元格。

[**注意**：三个单元格（单元格 **F5**、**F6** 和 **F7**）是单元格 **H11** 的直接引用单元格。]

3. 再次单击**追踪引用单元格**按钮显示第一级间接引用单元格。

4. 单击**移去箭头**删除所有追踪箭头。

7.10 显示公式

⫘ 步骤

显示工作表中的公式。

1. 选择**公式**选项卡。 将显示**公式**选项卡。	单击**公式**选项卡
2. 选择**公式审核**组中的**显示公式**按钮。 **显示公式**按钮突出显示，工作表列宽度扩大，含有公式的单元格显示公式而非结果。	单击 🔢显示公式 按钮
3. 选择包含公式的单元格。 单元格被选中，颜色应用于公式中的引用，相应的彩色边框出现在引用单元格周围。	单击单元格 **F23**
4. 选择**公式审核**组中的**显示公式**按钮。 工作表列宽度返回到之前的大小，包含公式的单元格显示结果而不是公式，并在**显示公式**按钮中删除突出显示。	单击 🔢显示公式 按钮

关闭 **Audit.xlsx** 文件。

7.11　复习及练习

使用区域名称和公式审核工具

1. 打开 **Checking. xlsx** 文件。

2. 显示**公式**选项卡。

3. 显示单元格 **E8** 的所有从属单元格。然后，删除一级从属箭头。

4. 显示单元格 **I13** 的所有引用单元格。然后，删除一级引用单元格箭头。

5. 删除所有显示的追踪箭头。

6. 选择区域 **B4 : D12**，并从列标题中为每列创建区域名称。

7. 使用**名称框**列表跳转到 **Nov** 区域。

8. 删除刚刚创建的 **Oct**、**Nov** 和 **Dec** 区域名称。

9. 关闭工作簿而不保存。

10. 打开 **Stores. xlsx** 文件。

11. 显示 **Summary** 工作表。

12. 在 **Summary** 工作表上选择单元格 **B6**。使用 **Qtr1**、**Qtr2**、**Qtr3** 和 **Qtr4** 工作表中的 **E6** 用单元格创建三维求和公式。

13. 将公式复制到单元格区域 **B7**、**B13 : B17**。

14. 关闭工作簿而不保存。

第 8 课

导入和链接数据

在本节中,您将学习以下内容:

- 在电子表格内链接数据
- 从文本文件导入数据
- 删除链接数据
- 创建超链接
- 编辑超链接
- 删除超链接

8.1　在电子表格内链接数据

💡 概念

要链接电子表格中、电子表格之间或应用之间的数据，可以复制原始数据，然后使用选择性粘贴选项将链接公式粘贴到新位置。如果更新了原始数据，则更新也将反映在包含链接公式的单元格中。

💡 概念

链接电子表格中的数据。

打开 **Link within a spreadsheet. xlsx**。如有需要，显示 **New York** 工作表。

1. 选择源数据。 　　查找源数据，并选择。	选择单元格 **B6**
2. 选择**开始**选项卡。 　　显示**开始**选项卡。	单击**开始**选项卡
3. 在剪贴板组中，选择**复制**按钮。	单击 📋 复制 ▾ 按钮
4. 选择 **Total Revenue** 表并选择单元格 **B4**。	单击单元格 **B4**
5. 在剪贴板组中，选择**粘贴**按钮箭头，然后选择**选择性粘贴**。从**选择性粘贴**窗口中选择粘贴链接按钮。 　　公式栏中将显示以下公式： 　　＝'New York'！＄B＄6	

链接电子表格之间的数据。

打开工作簿 **Price List. xlsx** 和 **Sales. xlsx**。我们接下来会把 **Price List. xlsx** 中的 **C4** 单元格链接到 **Sales. xlsx** 中的 **C4** 单元格。

1. 切换到 **Price List. xlsx**。选择源数据。 选择源数据。	选择单元格 **C4**
2. 选择**开始**选项卡。 显示**开始**选项卡	单击**开始**选项卡
3. 在剪贴板组中,选择**复制**按钮。	单击 🗐 复制 ▾ 按钮
4. 切换到 **Sales. xlsx**。选择目标单元格。 目标单元格被选中。	选择单元格 **C4**
5. 在剪贴板组中,选择**粘贴**按钮箭头,然后选择**选择性粘贴**。从**选择性粘贴**窗口中选择**粘贴链接**按钮。 公式栏中将显示以下公式: ＝'Price List. xlsx'! ＄C＄4	<table><tr><td colspan="2">选择性粘贴　　　　　　? ✕</td></tr><tr><td colspan="2">粘贴</td></tr><tr><td>◉ 全部(A)</td><td>○ 所有使用源主题的单元(H)</td></tr><tr><td>○ 公式(F)</td><td>○ 边框除外(X)</td></tr><tr><td>○ 数值(V)</td><td>○ 列宽(W)</td></tr><tr><td>○ 格式(T)</td><td>○ 公式和数字格式(R)</td></tr><tr><td>○ 批注(C)</td><td>○ 值和数字格式(U)</td></tr><tr><td>○ 验证(N)</td><td>○ 所有合并条件格式(G)</td></tr><tr><td colspan="2">运算</td></tr><tr><td>◉ 无(O)</td><td>○ 乘(M)</td></tr><tr><td>○ 加(D)</td><td>○ 除(I)</td></tr><tr><td>○ 减(S)</td><td></td></tr><tr><td>☐ 跳过空单元(B)</td><td>☐ 转置(E)</td></tr><tr><td>粘贴链接(L)</td><td>确定　　取消</td></tr></table>

链接应用之间的数据。

打开工作簿 **Sales. xlsx** 和 Word 文档 **Sales Report. docx**。接下来，我们要把 **Sales. xlsx** 中的 **D7** 单元格链接到 **Sales Report. docx** 中的数量单元格中。

1. 切换到 **Sales. xlsx**。选择源数据。 选择源数据。	选择单元格 **D7**
2. 选择**开始**选项卡。 显示**开始**选项卡	单击**开始**选项卡
3. 在**剪贴板**组中，选择**复制**按钮。	单击 📋 复制 ▾ 按钮
4. 切换到 **Sales Report. docx**。选择目标单元格。 目标单元格被选中。	选择第 4 列第 2 行的空白单元格
5. 在**剪贴板**组中，选择**粘贴**按钮箭头。 选择**选择性粘贴**。**选择性粘贴**窗口打开。	
6. 从**选择性粘贴**窗口中，选择**Microsoft Excel 工作表对象**，然后选中**粘贴链接**单选按钮。单击**确定**按钮。	

8.2　从文本文件导入数据

▶️ 步骤

将数据从文本文件导入 Excel 工作表。

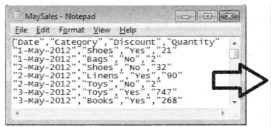

打开 **Importing. xlsx**。如有必要，显示 **Sales** 工作表。

1. 选择**数据**选项卡。 显示**数据**选项卡。	单击**数据**选项卡
2. 在**获取外部数据**组中选择**自文本**按钮。 **导入文本文件**对话框打开。	单击 [从文本/CSV] 按钮
3. 选择要导入的文本文件所在的文件夹。 显示文件夹的内容。	双击打开学生文件夹
4. 选择要导入的文本文件的名称。 文件名在列表中突出显示，并显示在**文件名**框中。	单击 **MaySales. txt** 文件
5. 选择**导入**。 **导入文本文件**对话框关闭。**文本导入向导**对话框打开，开始第 1 步，共 3 步操作，**分隔符**选项已选。	单击 [导入(M)] 按钮
6. 指定数据标题。 数据的第一行被设置为标题。	勾选 [☐ **数据包含标题(M)**。] 复选框
7. 选择**下一步**。 **文本导入向导**将进入第 2 步，共 3 步，其中要导入的数据显示在**数据预览**窗格中。	单击 [下一步(N) >] 按钮
8. 选择文本文件中使用的分隔符。 选择分隔符。	取消选中 [☑ Tab 键(T)] 选项，并选中 [☐ 逗号(C)] 选项
9. 选择**下一步**。 **文本导入向导**进入第 3 步，共 3 步，数据在**数据预览**窗格分列显示。	单击 [下一步(N) >] 按钮
6. 选择要设置格式的列或在**数据预览**窗格中跳过。 选择列。	单击 **Discount** 列（第三列）

（续表）

7. 在**列数据格式**中,选择所需的格式选项。 选择格式选项。	单击○不导入此列(跳过)(I)
8. 选择**完成**。 **文本导入向导**对话框关闭,**导入数据**对话框打开,**现有工作表**选项被选中。	单击 完成(F) 按钮
9. 选择要导入的数据出现的位置。 单元格被选中。其地址将显示在**现有工作表框**中。	单击单元格 **A3**
10. 选择**确定**。 **导入数据**对话框关闭,导入的数据将出现在工作表中。	单击 确定 按钮

注意:要刷新数据,请右击导入的数据区域中的任何单元格,然后单击快捷菜单中的**刷新**选项,选择文本文件,然后单击**导入**按钮。

实践

- 显示 **Credit Limit** 工作表。
- 导入制表符分隔的文本文件 **Limits. Txt**,并从单元格 **A5** 开始插入数据。

8.3 删除链接数据

步骤

可以更新链接的数据或从现有工作表中删除链接的数据。

从现有工作表中删除链接的数据。

Sales. xlsx 工作簿包含从另一个 Excel 工作簿中链接的单元格内容。链接的单元格使用选择性粘贴功能实现。可以在保留当前值的同时从该工作表中删除链接的内容。

显示 **Sales** 工作表。单击单元格 **C4** 以查看公式栏。

1. 选择包含链接的单元格 单元格被选中。	单击单元格 **C4**
2. 选择**数据**选项卡。 显示**数据**选项卡。	单击**数据**选项卡
3. 从**链接**组中选择**编辑链接**按钮。 显示**编辑链接**对话框。	单击**编辑链接**按钮
4. 根据需要选择选项。 显示警报,提示用户确认。	单击**更新值**更新链接或点击**断开链接**取消链接
5. 选择**断开链接**按钮。 警报框关闭,链接被删除。	单击**断开链接**确认

关闭对话框。查看公式栏。注意只显示该值而不是公式。

关闭 **Sales. xlsx**。

8.4 创建超链接

步骤

创建超链接。

打开 **Hyperlinks. xlsx** 文件。

1. 选择要链接的单元格或对象。 单元格被选中。	单击单元格 **A9**
2. 选择**插入**选项卡上**链接**组中的**超链接**按钮。 **插入超链接**对话框打开。	单击 [🌐 链接] 按钮

（续表）

3. 选择**现有文件或网页**选项。 **现有文件或网页**被选中。	如果需要,单击**现有文件或网页**
4. 选择**查找范围**列表。 出现可用文件位置的列表。	单击**查找范围** ▼ 下拉列表
5. 打开包含要链接到的文件的文件夹。 出现可用文件夹和文件的列表。	单击**学生文件夹**
6. 选择要链接到的文件。 文件被选中,文件名显示在**地址**框中。	根据需要滚动,然后单击 **Gifts List** 文件
7. 选择**确定**按钮。 **插入超链接**对话框关闭,所选单元格中的 文本显示为超链接。	单击 确定 按钮

鼠标指向单元格 **A9** 中的 **Gift Merchandise** 链接。注意,鼠标指针更改形状,并且路径或 URL 显示在**屏幕提示**中。

单击 **Gift Merchandise** 超链接打开 **Gift List** 工作簿。关闭 **Gift Merchandise** 工作簿。

🕐 实践

1. 选择单元格 **A14**。创建超链接到工作簿 **Personnel List** 中的命名区域 **Salaries**。
2. 使用 **Salary** 超链接显示 **Personnel List** 工作簿，然后关闭 **Personnel List** 工作簿。

8.5 编辑超链接

🐾 步骤

如有必要，请打开 **Hyperlinks. xlsx** 文件。

1. 右击要编辑的超链接。 出现快捷菜单。	右击单元格 **A9** 中的 **Gift Merchandise** 超链接
2. 选择**编辑超链接**。 **编辑超链接**对话框打开。	单击**编辑超链接**
3. 进行所需的更改。 进行了更改。	● 选择屏幕提示按钮 ● 输入 **Click to gifts list** ● 选择**确定**按钮关闭**设置超链接屏幕提示**对话框
4. 选择**确定**按钮。 **编辑超链接**对话框关闭，并保存对超链接的更改。	单击 确定 按钮

鼠标指向 **Gift Merchandise** 超链接，注意新的屏幕提示。

🕐 实践

为 **A14** 单元格中的 **Salary** 超链接创建一条定制的屏幕提示消息：**Click to view salary breakdown**。

8.6　删除超链接

步骤

如有必要，请打开 **Hyperlinks. xlsx** 文件。

1. 右击要编辑的超链接。 　　出现快捷菜单。	右击单元格 **A9** 中的 **Gift Merchandise** 超链接
2. 选择**删除超链接**。 　　该**超链接**被删除。	单击**删除超链接**。

关闭 **Hyperlinks. xlsx**。

8.7　复习及练习

导入和链接数据

1. 打开 **Payroll. xlsx** 文件。

2. 导入 **Details. txt** 文本文件。选择**逗号**作为分隔符。不导入 **ProfitShare** 字段。从单元格 **A4** 开始将数据插入工作表。

3. 将表的**属性**更改为每 10 分钟刷新一次。

4. 将 **G1** 中的超链接插入 **Contributions. xlsx** 文件。

5. 关闭工作簿而不保存。

第 9 课

使用高级函数

在本节中，您将学习以下内容：
- 使用 VLOOKUP 函数
- 使用 HLOOKUP 函数
- 使用 IF 函数
- 使用嵌套 IF 函数
- 在 IF 函数中使用 AND 条件
- 在 IF 函数中使用 OR 条件
- 使用 ROUND 函数
- 使用日期函数
- 使用 COUNTIF 函数
- 使用 COUNTBLANK 函数
- 使用 SUMIF 函数
- 使用 RANK 函数
- 使用财务函数
- 使用文本函数
- 在 SUM 函数中使用三维引用
- 在公式中使用混合引用

9.1 ▎使用 VLOOKUP 函数

💡 概念

VLOOKUP 函数可在表数组中查找信息。VLOOKUP 会垂直向下搜索表数组的第一列，直到找到您指定的值。当它找到指定的值时，它将在该行中查找并返回指定列中的值。

VLOOKUP 函数包括三个必需的参数，顺序如下：查找值、数据表区域和列索引号。

查找值：要找到匹配数据、并且必须出现在查找表的第一列中的值；它可以是数值、文本字符串或单元格引用。

数据表区域：查找表的名称或地址。

列索引号：用于查找项目的列；列从表的开头按顺序编号。

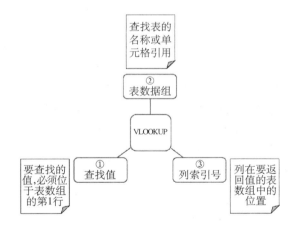

VLOOKUP 函数还有第四个可选的参数：查找范围。它是一个逻辑值，说明 VLOOKUP 查找是否需要精确匹配或者模糊匹配。

精确匹配（**FALSE**）或模糊匹配（**TRUE**）。如果未输入区域查询参数，则 **VLOOKUP** 会查找近似匹配。在这种情况下，查找表必须按照第一列的升序进行排序，否则 **VLOOKUP** 可能不会返回正确的值。

例如，您可能希望使用以下所示的查找表和列索引号 **2** 来根据各种订单金额级别查询给予客户的折扣百分比。

	A	B
1	Order	Discount
2	0	0%
3	2500	2%
4	5000	3%
5	8000	4%
6	10000	5%

如果您要查询的订单金额为 **8000**,折扣将为 **4%**,则 Excel 在第一列中找到查找值(**8000**),并返回同一行的第二列中的值。

在近似匹配中,如果查找值没有出现在查找表的第一列中,但在其中的两个值之间,则 Excel 将使用两个值中的较低者。如果查找值小于查找表中第一列的任何值,Excel 将返回错误信息。

例如,使用上面显示的查找表和列索引号 **2**,如果您查询的销售数字为 **7700**,则佣金为 **3%**。由于 Excel 确定 **7700** 位于 **5000** 和 **8000** 之间,因此返回第二列中与较低数字相同的行的值。

如果未找到匹配项,则返回错误值♯**N/A**。

🌀 步骤

使用 VLOOKUP 函数。

打开 **Advanced Functions. xlsx** 文件。显示 **Insurance** 工作表。
从**名称框**中选择 **rates** 查看查找表。

使用 **VLOOKUP** 函数在 **rates** 表中查找 **Age**,并从第二列检索 **rate%**。

1. 选择希望显示 **VLOOKUP** 函数结果的单元格。 单元格被选中。	单击单元格 **F6**
2. 输入＝ **VLOOKUP** 和一个左括号(。 ＝ **VLOOKUP**(出现在单元格和公式栏中。当开始输入函数时,将显示一个屏幕提示,以帮助您输入有效的参数。	输入＝ **VLOOKUP**(
3. 选择包含要查找的值和逗号的单元格。 单元格周围出现一个破折号框,其地址出现在 **VLOOKUP** 函数中。	单击单元格 **B6**

（续表）

4. 输入查找表的名称或地址和逗号。 　文本出现在 VLOOKUP 函数中。	输入 rates,
5. 输入列索引号,如有必要,输入逗号,并将 　查找范围设置为 FALSE 以进行精确 　匹配。 　列索引号出现在 VLOOKUP 函数中。	输入 2
6. 输入右括号)。 　右括号)出现在 VLOOKUP 函数中。	输入)
7. 按〔ENTER〕键。 　VLOOKUP 函数的结果出现在单元格中。	按〔 ENTER〕键

将公式复制到区域 **F7：F15**。然后,单击工作表中的任意位置以取消选择区域。

9.2　使用 HLOOKUP 函数

💡 概念

HLOOKUP 函数还可以在表数组中查找信息,但它会在表数组的最上方的行水平搜索,直到找到指定的值为止。当它找到指定的值时,它会沿着列向下运行并在指定的行中的返回值。

HLOOKUP 函数由三个必需的参数按以下顺序组成:查找值、数据表区域和行索引号。

查找值:要找到匹配数据并且必须出现在查找表的第一行的值;它可以是数值、文本字符串或单元格引用。

数据表区域:查找表的名称或地址。

行索引号:确定用于查找项目的行;行从表的顶部按顺序编号。

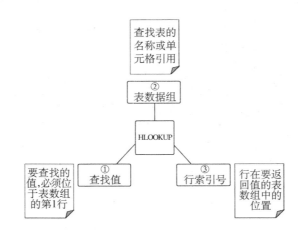

和 **VLOOKUP** 函数类似的是，**HLOOKUP** 函数上也有第四个可选的参数：查找范围。它是一个逻辑值，说明是否 **LOOKUP** 查找精确匹配（**FALSE**）或近似匹配（**TRUE**）。如果未输入区域查询参数，则 **HLOOKUP** 会查找近似匹配。在这种情况下，查找表必须按照第一列的升序进行排序，否则 **HLOOKUP** 可能不会返回正确的值。

例如，您可能希望使用以下所示的查找表和行索引号为 **2**，根据各种订单金额级别查询给予客户的折扣百分比。

	A	B	C	D	E	F
1	Order	0	2500	5000	8000	10000
2	Discount	0%	2%	3%	4%	5%

如果您要查询的订单金额为 **8000**，折扣将为 **4%**；Excel 在第一行中找到查找值（**8000**），并返回同一列的第二行中的值。

在近似匹配中，如果查找值没有出现在查找表的第一行中，但是在其中的两个值之间，则 Excel 将使用两个值中的较低者。如果查找值小于查找表中第一行的任何值，Excel 将返回错误消息。

例如，使用如上所示的查找表和行索引号为 **2**，如果您查询的销售数字为 **7700**，则佣金为 **3%**。由于 Excel 确定 **7700** 位于 **5000** 和 **8000** 之间，因此返回第二行中与较低数字相同的列的值。

如果未找到匹配项，则返回错误值＃**N/A**。

步骤

使用 **HLOOKUP** 函数。

如有必要,打开 **Advanced Functions. xlsx** 文件并显示 **Insurance** 工作表。

从**名称框**中选择价格以查看查找表。使用 **HLOOKUP** 函数查找收费表中的类别,并从第三行检索 **Loading Charge**。

1. 选择希望显示 **HLOOKUP** 函数结果的单元格。 单元格被选中。	单击单元格 **G6**
2. 输入＝ **HLOOKUP** 和一个左括号(。 ＝ **HLOOKUP**(出现在单元格和公式栏中。当开始输入函数时,将显示一个屏幕提示,以帮助您输入有效的参数。	输入＝ **HLOOKUP**(
3. 选择包含要查找的值和逗号的单元格。 单元格周围出现一个破折号框,其地址出现在 **HLOOKUP** 函数中。	单击单元格 **C6**
4. 输入查找表的名称或地址和逗号。 该文本显示在 **HLOOKUP** 函数中。	输入 **rates,**
5. 输入行索引编号,如有必要,输入逗号,并将查找范围指示为 **FALSE** 以进行精确匹配。 行索引号出现在 **HLOOKUP** 函数中。	输入 **3,FALSE**
6. 输入右括号)。 **右括号**)出现在 **HLOOKUP** 函数中。	输入**)**
7. 按〔 **ENTER**〕键。 **HLOOKUP** 函数的结果出现在单元格中。	按〔 **ENTER**〕键

将公式复制到区域 **G7：G15**。然后,单击工作表中的任意位置以取消选择区域。

9.3 使用 IF 函数

💡 概念

IF 函数检查逻辑测试的条件是否符合选定的单元格区域，如果结果为 **true**，则返回一个值，如果结果为 **false**，则返回不同的值。

例如，你可以使用 **IF** 函数来决定一个订单是否符合免费送货标准。如果订单价值超过指定金额时，则该订单的运费会被设置为零。如果订单价值小于指定金额，则计算订单的运费。

注意：也可以使用 **IF** 函数来将逻辑测试的结果显示为文本，但是必须将要显示的文本括在引号中。

IF 函数的语法是：

＝IF（逻辑测试，结果为 **true** 时的操作，结果为 **false** 时的操作）

以下比较运算符可用于 **IF** 函数：

=	等于或相同
<=	小于或等于
<>	不等于
<	小于
>	大于
> =	大于或等于

结果为 **true** 时的操作	如果逻辑测试为 **true**，则此项为期望的结果。它可以是数字、公式、单元格引用、单元格名称、引号中的文本或另一个函数。
结果为 **false** 时的操作	如果逻辑测试为 **false**，则此项为期望的结果。它可以是数字、公式、单元格引用、单元格名称、引号中的文本或另一个函数。

一些 **IF** 函数的例子：

示例 1：＝**IF**(C3 > 50,D3 * 10%,0)

如果 **C3** 中的数字大于 **50**,则将 **D3** 中的数乘以 **10%**;如果不大于 **50**,则返回数字 **0**。

示例 2：＝**IF**(C3<＝40,"Pass","Fail")

如果 **C3** 中的数字小于或等于 **40**,则在当前单元格中输入文本 **Pass**;如果不小于或等于 **40**,则输入文本 **Fail**。

步骤

使用 **IF** 函数。

如有必要,打开 **Advanced Functions. xlsx** 文件并显示 **Reduction** 工作表。

使用 **IF** 函数根据保险索赔状态(Insurance Claims Status)确定折扣减少(Discount Reduction)金额。如果状态为否,则计算 Loading Charge 的 **35%**,否则显示 **0**。

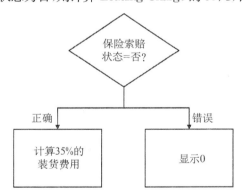

1. 选择要显示 **IF** 函数结果的单元格。 单元格被选中。	单击单元格 **H6**
2. 输入＝**IF** 和左括号(。 ＝ **IF**(出现在单元格和公式栏中。当开始键入函数时,将显示一个屏幕提示,以帮助您输入有效的参数。	输入＝ **IF**(
3. 输入逻辑测试和逗号。 文本显示在单元格和公式栏中。	输入 **D6 ＝ "No"**,

（续表）

4. 如果逻辑测试结果为 **true**，请输入要采取的操作，再输入逗号。 文本显示在单元格和公式栏中。	输入 G6 * 35%，
5. 输入逻辑测试为 **false** 时要执行的操作。 文本显示在单元格和公式栏中。	输入 **0**
6. 输入右括号）。 右括号）出现在 **IF** 函数中。	输入）
7. 按［ENTER］键。 **IF** 函数的结果出现在单元格中。	按［ENTER］键

将公式复制到区域 **H7：H15**，然后，单击工作表中的任意位置以取消选择区域。

9.4 | 使用嵌套 IF 函数

概念

可以通过使用一个或多个嵌套的 **IF** 函数来扩展 **IF** 函数的功能。Excel 中的嵌套函数是指嵌套在另一个函数内部的函数。嵌套 **IF** 函数增加了可以测试的可能结果的数量，并增加了处理这些结果可以采取的行动数。嵌套 **IF** 函数的语法是：

＝ **IF**（逻辑测试，结果为 **true** 时的操作，**IF**（逻辑测试，结果为 **true** 时的操作，结果为 **false** 时的操作））

步骤

使用嵌套的 **IF** 函数。

如有必要，打开 **Advanced Functions. xlsx** 文件并显示 **Real Estate** 工作表。

使用嵌套的 **IF** 函数根据其销售金额计算地产代理人员佣金。

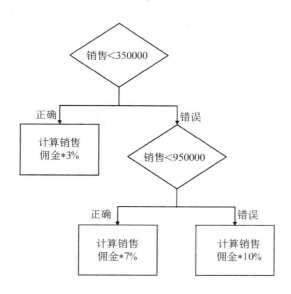

1.	选择要显示嵌套 **IF** 函数结果的单元格。单元格被选中。	单击单元格 **C4**
2.	输入＝ **IF** 和左括号(。 ＝ **IF**(出现在单元格和公式栏中。当开始输入函数时,将显示一个屏幕提示,以帮助您输入有效的参数。	输入＝ **IF**(
3.	输入第一个逻辑测试和一个逗号。文本显示在单元格和公式栏中。	输入 **B4< 350000,**
4.	如果第一个逻辑测试结果为 **true**,请输入要执行的操作,再输入逗号。文本显示在单元格和公式栏中。	输入 **B4 ＊ 3％,**
5.	输入 **IF** 和一个左括号(。**IF**(出现在单元格和公式栏中。	输入 **IF(**
6.	输入第二个 **IF** 的逻辑测试函数和逗号。文本显示在单元格和公式栏中。	输入 **B4 <= 950000,**
7.	如果第二个 **IF** 函数的逻辑测试结果为 **true**,请输入要执行的操作,再输入逗号。文本显示在单元格和公式栏中。	输入 **B4 ＊ 7％,**

（续表）

8. 如果第二个逻辑测试为 **false**,请输入要执行的操作。 文本显示在单元格和公式栏中。	输入 **B4 * 10%**
9. 输入两个右括号))。 关闭括号()出现在单元格和公式栏中。	输入))
10. 按［ ENTER］键。 IF 函数的结果出现在单元格中。	按［ ENTER］键

将公式复制到区域 **C5:C11**。然后,单击工作表中的任意位置取消选择区域。

注意:可以在公式中嵌套多达 64 层的函数。

9.5 在 IF 函数中使用 AND 条件

步骤

在 **IF** 函数中使用 **AND** 条件。

如有必要,打开 **Advanced Functions.xlsx** 文件并显示 **Appraisal** 工作表。

在 **IF** 函数中使用 **AND** 函数来确定员工是否满足绩效奖金条件。如果 **Total Score** 大于 **Previous Qtr** 且 **Average Score** 大于 **85**,则计算 **Score * 2**,否则显示 **0**。

1. 选择要在其中显示 **IF AND** 函数的结果的单元格。 单元格被选中。	单击单元格 **H6**
2. 输入 **= IF** 和左括号(。 **= IF(** 出现在单元格和公式栏中,并显示屏幕提示。	输入 **= IF(**
3. 输入 **AND** 条件和逗号。 **AND** 函数显示在单元格和公式栏上。	输入 **AND(E6> G6,F6> 85),**

（续表）

4. 如果所有条件都为 **true**,请输入要采取的操作,再输入逗号。 文本显示在单元格和公式栏中。	输入 **E6 * 2**,
5. 如果任何条件为 **false**,请输入要执行的操作。 文本显示在单元格和公式栏中。	输入 **0**
6. 输入一个右括号),然后按〔 ENTER〕键。 **IF AND** 函数的结果出现在单元格中。	输入),然后按〔 ENTER〕键

正确答案为 **0**,因为只有一个条件为真。将公式复制到区域 **H7:H13**。

9.6　在 **IF** 函数中使用 **OR** 条件

步骤

在 **IF** 函数中使用 **OR** 条件。

如有必要,打开 **Advanced Functions. xlsx** 文件并显示 **Appraisal** 工作表。

在 **IF** 函数中使用 **OR** 函数来确定员工是否符合监督培训条件。如果 **Overall Productivity** 大于 **90**,**Total Score** 与 **Previous Qtr** 的差值大于 **10**,则显示 **Yes**,否则显示 **No**。

1. 选择要显示 **IF OR** 函数的结果的单元格。 单元格被选中。	单击单元格 **I6**
2. 输入 = **IF** 和左括号 (。 = **IF**(出现在单元格和公式栏中,并显示屏幕提示。	输入 = **IF**(
3. 输入 **OR** 条件和逗号。 **OR** 函数显示在单元格和公式栏上。	输入 **OR(D6>90,E6－G6>10)**,

（续表）

4. 如果任何条件为 **true**,请输入要采取的操作,再输入逗号。 文本显示在单元格和公式栏中。	输入 **Yes**,
5. 如果所有条件都为 **false**,请输入要采取的操作。 文本显示在单元格和公式栏中。	输入 **No**
6. 输入一个右括号),然后按[**ENTER**]键, **IF OR** 函数的结果出现在单元格中。	输入),然后按[**ENTER**]键

正确的答案是 **No**,因为这两个条件均为 **false**。把公式复制到区域 **I7：I13**,然后点击工作表中的任意位置以取消选择区域。

9.7 使用 ROUND 函数

概念

ROUND 函数可将数字取整到指定的数字位数。

例如,如果单元格 **C3** 包含 **43.8735**,并且要将该值舍入到两位小数,可以使用以下公式:＝ **ROUND(C3,2)**。该函数的结果为 **43.87**。

步骤

使用 **ROUND** 函数。

如有必要,打开 **Advanced Functions.xlsx** 文件并显示 **Prices** 工作表。

输入一个函数,将 **Selling Price** 舍入到不含任何小数位的数字。

1. 选择想要显示 ROUND 函数结果的单元格。 单元格被选中。	单击单元格 **D4**
2. 输入＝ **ROUND** 和一个左括号(。 ＝ **ROUND**(出现在单元格和公式栏中，并显示屏幕提示。	输入＝ **ROUND(**
3. 输入要舍入的值、公式、单元格地址或函数，后跟逗号。 文本显示在单元格和公式栏中。	输入 **C4,**
4. 输入所需的小数位数。 文本显示在单元格和公式栏中。	输入 **0**
5. 按［**ENTER**］键。 ROUND 函数的结果出现在单元格中。	按［**ENTER**］键

注意：除了 ROUND 函数外，您还可以使用 **ROUNDUP** 或 **ROUNDDOWN** 函数。

- **ROUNDUP**　　　　根据数字参数向上舍入数字
- **ROUNDDOWN**　　　根据数字参数向下舍入数字

将该函数复制到单元格区域 **D5：D11**。

9.8 使用日期函数

 概念

以下是一些常见的日期相关函数：

DAY、MONTH、YEAR	将日期转换为代表日、月或年的数字。
NOW	＝NOW()。将当期日期和时间作为数字返回，并在工作表进行计算时进行更新。
TODAY	＝TODAY()。将当期日期作为数字返回，并在工作表进行计算时进行更新。

步骤

使用日期函数。

如有必要,打开 **Advanced Functions. xlsx** 文件并显示 **Invoice** 工作表。

插入一个可显示当前日期并自动更新的函数。

1. 选择要显示当前日期函数的单元格。 单元格被选中。	单击单元格 **B1**
2. 输入＝ **TODAY( )**。 ＝ **TODAY( )** 出现在单元格和公式栏中。	输入＝ **TODAY( )**
3. 按［**ENTER**］键。 **TODAY** 函数的结果出现在单元格中。	按［**ENTER**］键

实践

1. 选择单元格 **F4**。

2. 输入函数＝ **MONTH(B4)**,从 **Inv Date** 中提取月份号。

3. 将函数复制到单元格区域 **F5：F18**。

4. 选择单元格 **G4**。

5. 输入函数＝ **YEAR(B4)**,从 **Inv Date** 中提取年数。

6. 将函数复制到单元格区域 **G5：G18**。

9.9 | 使用 COUNTIF 函数

步骤

使用 **COUNTIF** 函数。

如有必要,打开 **Advanced Functions. xlsx** 文件并显示 **Invoice** 工作表。

插入一个函数来统计数量为 **10000** 及以上的发票数量。

1. 选择想要使用 **COUNTIF** 函数的单元格。 　　单元格被选中。	单击单元格 **E20**
2. 输入＝ **COUNTIF** 和一个左括号(。 　　＝ **COUNTIF**(出现在单元格和公式栏中,并显示屏 　　幕提示。	输入＝COUNTIF(
3. 选择要计数的单元格区域和一个逗号。 　　选择单元格区域。	选择 **D4:D18**,
4. 输入定义要计数的数据的数字、文本或表达式。 　　条件出现在单元格和公式栏中。	输入**＞ ＝ 10000**
5. 输入一个右括号) 　　右括号)出现在单元格和公式栏中。	输入)
6. 按〔**ENTER**〕键。 　　**COUNTIF** 函数的结果出现在单元格中。	按〔**ENTER**〕键

实践

1. 选择单元格 **E22**。
2. 输入函数＝ **COUNTIF(E4:E18,"")** 来统计未付款发票数量(空单元格)。

9.10　使用 COUNTBLANK 函数

概念

COUNTBLANK 函数用于计算单元格区域内的空单元格。

步骤

使用 **COUNTBLANK** 函数。

如有必要,打开 **Advanced Functions. xlsx** 文件并显示 **Invoice** 工作表。

插入一个函数来计算单元格区域内的空单元格数(**E4:E18**)。

1. 选择想要使用 **COUNTBLANK** 函数的单元格。 单元格被选中。	单击单元格 **E26**
2. 输入定义要计数的数据的数字、文本或表达式。 条件出现在单元格和公式栏中。	输入＝**COUNTBLANK(E4:E18)**
3. 按[**ENTER**]键。 **COUNTBLANK** 函数的结果出现在单元格中。	按[**ENTER**]键

9.11 使用 SUMIF 函数

步骤

使用 **SUMIF** 函数。

如有必要,打开 **Advanced Functions. xlsx** 文件并显示 **Invoice** 工作表。

插入一个函数来计算 Sail City 的总金额。

1. 选择想要使用 **SUMIF** 函数的单元格。 单元格被选中。	单击单元格 **E24**
2. 输入＝ **SUMIF** 和一个左括号(。 ＝ **SUMIF**(出现在单元格和公式栏中,并显示屏幕提示。	输入＝ **SUMIF(**
3. 选择要通过条件评估的单元格区域,然后输入逗号。 选择单元格区域。	选择 **C4:C18**,

（续表）

4. 输入要求和的数据和逗号的数字、文本或表达式。 条件出现在单元格和公式栏中。	输入"Sail City",
5. 选择要添加的单元格区域。 选择单元格区域。	选择 D4 : D18
6. 输入一个右括号）。 闭合圆括号( )出现在单元格和公式栏中。	输入）
7. 按［ENTER］键。 SUMIF 函数的结果出现在单元格中。	按［ENTER］键

9.12 使用 RANK 函数

步骤

使用 RANK 函数。

如有必要，打开 Advanced Functions. xlsx 文件并显示 Ranking 工作表。

插入一个函数，将每个页面按命名区域 visitors（B5：B11）排序。

1. 选择想要使用 RANK 函数的单元格。 单元格被选中。	单击单元格 C5
2. 输入 ＝ RANK 和左括号(。 ＝ RANK(出现在单元格和公式栏中，并显示屏幕提示。	输入＝RANK(
3. 选择要排序的单元格并输入逗号。 单元格被选中。	选择 B5,
4. 选择单元格区域或输入区域名称进行排序。 单元格区域出现在单元格和公式栏中。	输入 visitors

（续表）

| 5. 输入一个右括号）。
右括号）出现在单元格和公式栏中。 | 输入） |
| 6. 按［ENTER］键。
RANK 函数的结果出现在单元格中。 | 按［ENTER］键 |

默认情况下，排序次序被设置为 0（降序）。输入 0（零）或忽略降序排序（从最大到最小）的命令。输入 1 按升序（从最小到最大）排序。

9.13 使用财务函数

概念

PMT 函数用于计算具有固定付款和固定利率的贷款的定期付款。

PMT 函数的语法是：

＝PMT(rate, nper, pv)

rate	每期贷款利率
nper	付款次数
pv	现值（贷款额）

FV（未来值）函数用于计算投资的未来价值，假定定期持续付款，利率恒定。FV 函数的语法如下：

＝FV(rate, nper, pmt)

rate	每期投资利率
nper	付款次数
pmt	每期付款

👣 **步骤**

使用财务函数。

如有必要,请打开 **Advanced Functions. xlsx** 文件并显示 **Finance** 工作表。

使用 **PMT** 函数计算汽车贷款的每月付款额。

1. 选择想要使用 **PMT** 函数的单元格。 单元格被选中。	单击单元格 **B9**
2. 输入＝ **PMT** 和一个左括号(。 ＝ **PMT**(出现在单元格和公式栏中,并显示屏幕提示。	输入＝ **PMT**(
3. 选择包含利率的单元格(如有必要,反映付款周期的利率),然后输入逗号。 单元格区域出现在单元格和公式栏中。	选择单元格 **B7**
4. 选择包含付款次数的单元格(如有必要,反映利率期限),然后输入逗号。 单元格区域出现在单元格和公式栏中。	输入 **B5 ∗ 12**,
5. 选择包含贷款金额的单元格。 单元格区域出现在单元格和公式栏中。	输入 **B3**
6. 输入一个右括号)。 闭合圆括号()出现在单元格和公式栏中。	输入)
7. 按[**ENTER**]键。 **PMT** 函数的结果出现在单元格中。	按[**ENTER**]键

默认情况下,结果是负的,因为它是对外付款(现金支出)而不是收到的钱(现金收入)。在函数开头或 **pv** 值前输入负号(－)可以显示答案为正值。

示例 1:在函数开头放置一个负号

＝－**PMT**(**B7∕ 12**,**B5 ∗ 12**,**B3**)

示例 2:在 **pv** 值之前放置一个负号

＝ **PMT**(**B7∕ 12**,**B5 ∗ 12**,－**B3**)

使用 **FV** 函数计算退休投资基金的未来价值。

1. 选择希望使用 **FV** 函数的单元格。 单元格被选中。	单击单元格 **E9**
2. 输入＝**FV** 和左括号(。 ＝**FV**(出现在单元格和公式栏中,并显示屏幕提示。	输入＝**FV**(
3. 选择包含利率的单元格(如果需要,反映投资/存款期),然后输入逗号。 单元格区域出现在单元格和公式栏中。	输入 **E7**,
4. 选择包含投资/存款数量的单元格(如果需要,反映利率期限),然后输入逗号。 单元格区域出现在单元格和公式栏中。	输入 **E5**,
5. 选择包含投资/存款金额的单元格。 单元格区域出现在单元格和公式栏中。	输入 **E3**
6. 输入一个右括号)。 右括号)出现在单元格和公式栏中。	输入)
7. 按〔**ENTER**〕键。 **FV** 函数的结果出现在单元格中。	按〔**ENTER**〕键

类似地,**FV** 函数结果将为负值。如果在函数开始处或在 **pmt** 值之前放置一个负号(—),结果会显示为正数。

示例 1:在函数开头放置一个负号

＝—**FV**(**E7**,**E5**,**E3**)

示例 2:在 **pmt** 值之前放置一个负号

＝—**FV**(**E7**,**E5**,—**E3**)

9.14 使用文本函数

 概念

合并文本

CONCATENATE 函数或连字符 **&** 可以用于合并 2 个或多个单元格的内容。

CONCATENATE 函数有 1 个必选参数和最多 255 个可选参数，全部由逗号分隔。参数可以是文本字符串、数字或单个的单元格引用。

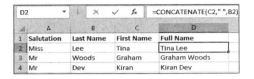

在上面的示例中，单元格 **B2** 中为 Last Name（Lee），而单元格 **C2** 中为 First Name（Tina）。以下公式会在单元格 **D2** 中合并这两个单元格内容：

＝CONCATENATE（C2，" "，B2）

请注意，" "是第二个参数，它是一个空格字符，用引号括起来。要在结果中显示的任何空格或标点符号均必须指定为用引号括起来的参数。

结果是：Tina Lee。

CONCATENATE 函数的替代方法是 **&** 运算符，它在实践中更容易使用。

在单元格 **D2** 中使用 **&** 运算符的相同公式为：

＝C2&" "&B2

提取文本

以下函数用于提取文本条目的部分内容：

LEFT	从左侧提取指定数量的字符
RIGHT	从右侧提取指定数量的字符
MID	从中间提取指定数量的字符

（起始位置和字符数）。

	A	B	C	D
1	**Product Code**	**Supplier Code**	**Production Year**	
2	ABC-1232009	ABC	2009	Formula in **B2**:
3	ABC-5402012	ABC	2012	=**LEFT(A2,3)**
4	XYZ-7692012	XYZ	2012	
5				Formula in C2:
6				=**RIGHT(A2,4)**
7				

删除空格

TRIM 函数用于通过从任何条目中移除空格，仅在单词之间留下单个空格，从而达到整理数据条目的目的。

B2	▼ :	× ✓ *fx*	=TRIM(A2)
	A	**B**	**C**
1	**Imported Names**	**Trimmed Name**	
2	Alan Phua	Alan Phua	
3	Debbie Chin	Debbie Chin	

步骤

使用**文本**函数。

如有必要，打开 **Advanced Functions. xlsx** 文件并显示 **Text** 工作表。

使用 **CONCATENATE** 函数将名称部分合并在一起，中间添加空格。

1. 选择要在其中显示组合文字的单元格。 单元格被选中。	单击单元格 **C4**
2. 输入 **CONCATENATE** 函数。 公式出现在单元格和公式栏中。	输入 **=CONCATENATE(A4," ",B4)**
3. 按 [**ENTER**]键。 公式的结果出现在单元格中。	按 [**ENTER**]键

将公式复制到 **C5：C8** 区域。

注意：可以使用 **&** 操作符代替 **CONCATENATE** 函数。

如果使用 **&** 操作符，那么 **C4** 中的公式如下：

＝**A4&" "&B4**

使用 TRIM 函数删除组合名称中的额外空格。

1. 选择希望使用 **TRIM** 函数的单元格。 单元格被选中。	单击单元格 **D4**
2. 输入＝**TRIM** 和一个左括号(。 ＝**TRIM**(出现在单元格和公式栏中,并显示屏幕 提示。	输入 ＝**TRIM**(
3. 选择包含文本的单元格以删除额外的空格。 单元格地址出现在单元格和公式栏中。	选择 **C4**
4. 输入一个右括号)。 右括号)出现在单元格和公式栏中。	输入)
5. 按[**ENTER**]键。 **TRIM** 函数的结果出现在单元格中。	按[**ENTER**]键

将公式复制到单元格区域 **D5:D8**。

9.15　在 SUM 函数中使用三维引用

 概念

在这个 SUM 函数中,它使用多个工作表中的单元格中的数据。

步骤

打开 **Regional Report. xlsx** 文件并显示 **Combined Totals** 工作表。

1. 选择要在其中显示运行和函数的结果的单元格。 单元格被选中。	单击单元格 **B3**
2. 输入 SUM 函数的开头。	输入＝ **SUM**(

（续表）

3. 转到包含 SUM 函数数据的第一个工作表。	选择 Central 工作表，然后单击单元格 F22。在公式栏中你会看到 =SUM(Central! F22
4. 在公式栏中单击并在 F22 之后添加＋。	=SUM(Central! F22＋
5. 转到包含 SUM 函数数据的第二个工作表。	选择 East 工作表，然后单击单元格 F22。在公式栏中你会看到 =SUM(Central! F22＋East! F22
6. 在公式栏中单击，然后在 F22 之后添加＋。	＝SUM（Central! F22 ＋ East! F22＋
7. 转到包含 SUM 函数数据的第三个工作表。	选择 West 工作表，然后单击单元格 F22。在公式栏中你会看到 =SUM(Central! F22＋East! F22 ＋West! F22
8. 输入右括号)结束编辑公式。	=SUM(Central! F22＋East! F22 ＋West! F22)
9. 转到 Combined Totals 工作表。	三维总和结果显示在 B3 中

关闭 Regional Report. xlsx。

9.16 在公式中使用混合引用

💡 概念

混合单元格引用包含相对单元格引用和绝对单元格引用。它可以是绝对列（在列字母之前添加 $))和相对行，也可以是绝对行（在行号之前添加 $)和相对列。

例如，在＝ ＝C9 * $ D2 中，C9 是相对的，但是 $ D2 是混合的，其中列 D 保持不变，但是行 2 可以改变。

步骤

打开 **Addition Table. xlsx** 文件并显示 **addition** 工作表。接下来我们学习如何使用混合引用。

1. 选择要显示第一次添加结果的单元格。 单元格被选中。	单击单元格 **B2**

2. 在单元格 **B2** 中输入公式,将 **A2** 中的数字和 **B1** 中的数字相加。
  注意:对于要在表中正确复制的公式,**A2** 中的 **A** 必须是绝对的,而 **2** 必须是相对的。
  B1 中的 **1** 必须是绝对的,**B** 必须是相对的。
	输入=＄A2＋B＄1

3. 将公式往下复制到 **B5**,然后往右复制到 **E8**。	

+	1	2	34
1	2	3	45
2	3	4	56
3	4	5	67
4	5	6	78

9.17 复习及练习

使用高级函数

1. 打开 **Football. xlsx** 文件并显示 **Teams** 工作表。

2. 在单元格 **B4** 中输入一个函数,以便从 **A4** 中的球员姓名中删除多余的空格。

3. 将函数复制到单元格区域 **B5：B15**。

4. 在单元格 **E4** 中,使用单元格区域 **I5:K9** 中的查找表,根据 **Total Points** 列为每名球员分配一个球队。

5. 将函数复制到单元格区域 **E5:E15**。

6. 在 **F4** 中输入一个函数,以降序的方式根据命名区域 **Points** 中的 **Total Points** 对每个球员进行排名。

7. 将函数复制到单元格区域 **F5:F15**。

8. 在单元格 **G4** 中输入的函数,以便从 **C4** 的 **Birth Date** 中提取年份。

9. 将函数复制到单元格区域 **G5:G15**。

10. 在 **C17** 中输入一个函数来计算 1992 年出生的玩家人数。

11. 显示 **Performance** 工作表。

12. 在单元格 **D4** 中输入嵌套的 **IF AND** 函数,以检查 **Points** 是否大于 **Target Points**,**Attendance％**是否大于或等于 **Target％**,然后显示 **Passed**,否则显示 **Failed**。

13. 将函数复制到单元格区域 **D5:D15**。

14. 关闭工作簿而不保存。

第 10 课

使 用 方 案

在本节中,您将学习以下内容:

- 创建方案
- 显示方案
- 编辑方案
- 创建方案摘要报告
- 使用数据表
- 在数据表中添加公式
- 创建单变量数据表
- 创建双变量数据表

10.1 创建方案

概念

模拟分析允许您更改单元格中的值，以查看这些更改的影响。方案是一组可用于模拟分析的值。Excel 保存这些值，并可以自动将其替换为相关单元格。例如，可能会有两种不同的预测销售情况——销售疲软和销售强劲，您可以在这些情况之间切换，以了解其对利润的影响。

步骤

创建一个方案。

打开 **Scenarios. xlsx** 文件。在 **2 月**和 **3 月**的列中的计算取决于上个月和 **G** 列中的增长率。创建方案，以比较最佳和最差情况下的增长率。

1. 选择所需的更换单元格。 选择单元格区域。	单击单元格 **G4**，然后按 [**CTRL**] 键并单击单元格 **G12**
2. 选择**数据**选项卡。 **数据**选项卡被选中。	单击**数据**选项卡
3. 选择**预测**组中的**模拟分析**按钮。 **预测**菜单打开。	单击 模拟分析 按钮
4. 选择**方案管理器**命令。 **方案管理器**对话框打开。	单击**方案管理器**命令
5. 选择**添加**按钮。 **方案管理器**对话框关闭，**添加方案**对话框打开，插入点位于**方案名称**框中。	单击 添加(A)... 按钮
6. 输入所需的方案名称。 该文本显示在**方案名称**框中。	输入 **Best Case**

（续表）

7. 选择**确定**按钮。 **添加方案**对话框关闭，**方案变量值**对话框打开，第一个更改单元格框中的文本被选中。	单击 确定 按钮
8. 输入第一个更改单元格的所需值。 该值出现在第一个框中。	按钮入 **35%**
9. 按［TAB］键选择下一个更改单元格的框。 选择第二个更改的单元格框。	按［TAB］键
10. 按钮入下一个更改单元格的所需值。 该值出现在第二个框中。	按钮入 **10%**
11. 为所有更改的单元格输入一个值，然后选择**确定**按钮。 **方案值**对话框关闭，新方案将显示在**方案管理器**对话框的**方案**列表框中。	单击 确定 按钮
12. 选择**关闭**按钮。 **方案管理器**对话框关闭。	单击 关闭 按钮

实践概念：

● 添加以下两种方案，使用相同的更改单元格。

方案名称	改变单元格 1(G4)	改变单元格 2(G12)
Worst Case	20％	18％
Original	25％	15％

● 完成后，关闭**方案管理器**对话框。

方案变量值 ? ×

请输入每个可变单元格的值

1: $G$4 `25%`

2: $G$12 `15%`

[添加(A)] [确定] [取消]

10.2 显示方案

步骤

显示一个方案。

1. 选择**数据**选项卡。 **数据**选项卡被选中。	单击**数据**选项卡
2. 选择**预测**组中的**模拟分析**按钮。 **预测**菜单打开。	单击 模拟分析 按钮
3. 选择**方案管理器**命令。 **方案管理器**对话框打开。	单击**方案管理器**
4. 在**方案**列表框中选择要查看的方案。 方案被选中。	单击 Best Case
5. 选择**显示**按钮。 工作表中的公式重新计算。	单击 显示(S) 按钮

实践

1. 显示 **Worst Case** 方案。

2. 然后，显示 **Original** 方案并关闭**方案管理器**对话框。

10.3　编辑方案

步骤

编辑一个方案。

编辑 **Worst Case** 方案，将新的 **Expense Rate** 值改为 **22%**。

1. 选择**数据**选项卡。 **数据**选项卡被选中。	单击**数据**选项卡
2. 选择**预测**组中的**模拟分析**按钮。 **预测**菜单打开。	单击 模拟分析 按钮
3. 选择**方案管理器**命令。 **方案管理器**对话框打开。	单击**方案管理器**
4. 在 **方案**列表框中选择要编辑的**方案**。 已选择该方案。	单击 **Worst Case**
5. 选择**编辑**按钮。 **方案管理器**对话框关闭，**编辑方案**对话框打开。	单击 编辑(E)... 按钮
6. 选择**确定**按钮。 **编辑方案**对话框关闭，**方案值**对话框打开。	点击 确定 按钮
7. 选择要编辑的更改单元格的框中的值。 框中的值被选中。	单击第二个框
8. 输入所需的值。 该值出现在框中。	输入 **22%**
9. 选择**确定**按钮。 保存对**方案**的更改，**方案值**对话框关闭，**方案管理器**对话框打开。	单击 确定 按钮
10. 选择**显示**按钮以查看编辑的方案。 工作表中的公式重新计算。	单击 显示(S) 按钮
11. 选择**关闭**按钮。 **方案管理器**对话框关闭。	单击 关闭 按钮

10.4 创建方案摘要报告

💡 概念

当生成方案摘要报告时，它将在新工作表中显示一个表格，以大纲格式显示存储在工作表中的任何方案的更改单元格和结果单元格。

👣 步骤

创建方案摘要报告。

使用第 **20** 行中的毛利作为结果单元格创建一个方案摘要报告。

1. 选择**数据**选项卡。 **数据**选项卡被选中。	单击**数据**选项卡
2. 选择**预测**组中的**模拟分析**按钮。 **预测**菜单打开。	单击 模拟分析 按钮
3. 选择**方案管理器**命令。 **方案管理器**对话框打开。	单击**方案管理器**
4. 选择**摘要**按钮。 **方案管理器**对话框关闭，**方案摘要**对话框打开。	单击 摘要(U)... 按钮
5. 在**报表类型**下，选择所需的选项。 选项被选中。	如果需要，单击 ⦿ 方案摘要(S)
6. 单击**结果单元格**框中的**折叠**对话框按钮。 **方案摘要**对话框被折叠。	单击**结果单元格** 📑
7. 选择要在方案摘要报告中显示的单元格。 选择单元格，范围将显示在折叠的**方案摘要**对话框中。	选择单元格区域 **B20:E20**
8. 单击**扩展**对话框按钮。 **方案摘要**对话框展开。	单击 📑 按钮
9. 选择**确定**按钮。 **方案摘要**对话框关闭，方案摘要报告将显示在工作簿中的新**方案摘要**工作表中。	单击 确定 按钮

查看方案摘要报告后，显示 **Sheet1** 工作表。

注意：方案报告不会自动重新计算。如果更改方案的值，则这些更改将不会显示在现有摘要报告中。如果需要更改后的值，必须创建新的摘要报告。

关闭 **Scenarios. xlsx** 而不保存。

10.5 使用数据表

概念

使用数据表可以查看在公式中更改一个或两个变量时会发生什么情况。它可以显示对输入变量所做的细微更改会如何影响使用这些输入变量的公式的结果。

要创建数据表，必须首先指定输入单元格（单元格中包含公式中的变量值）。然后在公式中替换输入值，并将每个计算结果放入数据表中的输出单元格中。

10.6 在数据表中添加公式

概念

数据表有两种：单变量数据表、双变量数据表。

这两种数据表都具有相似的特性。为了确保数据表的有效运行，必须确定工作表中的关键输入变量，并列出希望输入变量工作的值的范围。此外，还需要识别依赖于这些输入的基础公式。

计算中使用的公式的位置取决于您正在创建的数据表的类型。

如果一个单变量数据表以列（垂直方式）排列，则计算中使用的公式将放在输出列顶部的单元格中。在下图中，列 **B** 为输出列，公式必须放在单元格 **B1** 中。

	A	B
1		FORMULA
2	INPUT VALUES	
3		
4		
5		
6		

如果单行数据表以行（水平方式）排列，则计算中使用的公式将放在输出行左侧的单元格中。在下图中，第 **2** 行是输出行，公式必须放在单元格 **A2** 中。

	A	B	C	D	E	F	G
1				INPUT VALUES			
2	FORMULA						

在双变量数据表中，行和列均用于输入数据，计算中使用的公式必须位于列输入单元格的上方，并位于行输入单元格的左侧。

在下图中，**A** 列包含一组可变输入值，第 **1** 行包含另一组输入值。因此，公式必须放在单元格 **A1** 中。

	A	B	C	D	E	F	G
1	FORMULA			INPUT VALUES			
2	INPUT VALUES						
3							
4							
5							
6							

10.7 创建单变量数据表

💡 概念

单变量数据表具有跨列（垂直）或跨行（水平）列出的输入值。在单变量数据表中使用的公式只能引用一个输入单元格。

👣 步骤

创建一个单变量数据表。

打开 **Data Tables. xlsx** 文件。显示 **One-Variable** 工作表。单元格 **B6** 中 **Projected Revenue** 金额为单元格 **B3** 中去年收入总额加上单元格 **B4** 的本年度预计增加金额。

生成数据表，显示根据 **Growth%** 的输入值的 **Projected Revenue** 的变化。

1. 选择输出列上方或输出行左侧的单元格。 单元格被选中。	单击单元格 **B8**
2. 输入要评估的公式或到包含公式的单元格的链接。 公式出现在单元格和公式栏中。	输入＝**B6**
3. 按〔**ENTER**〕键。 公式的结果出现在单元格中。	按〔**ENTER**〕键
4. 选择包含公式、输入列/行和输出列/行的整个单元格区域。 单元格区域被选中。	选择单元格区域 **A8:B19**
5. 选择**数据**选项卡。 显示**数据**选项卡。	单击**数据**选项卡
6. 选择**预测**组中的**模拟分析**按钮。 **模拟分析**菜单打开。	单击 模拟分析 按钮
7. 选择**模拟运算表**命令。 **模拟运算表**对话框打开。	单击**模拟运算表**命令
8. 按需要选择**输入引用行**的单元格框或输入**引用列**的单元格框。 插入点出现在所选框中。	单击**列**，输入单元格框
9. 选择输入单元格。 选择单元格并显示在相应的输入单元格框中。	单击单元格 **B4**

10.8 创建双变量数据表

概念

双变量数据表使用包含两个输入值的公式。公式必须引用两个不同的输入单元格。

步骤

创建一个双变量数据表。

如果需要，打开 **Data Tables. xlsx** 文件。显示 **Two-Variable** 工作表。单元格 **B6** 中的 **Projected Revenue** 金额使用两个变量计算：增长率百分比（**B3**）和费用（**B4**）。

生成数据表，显示根据 **Growth%** 和 **Expenses** 输入值的 **Projected Revenue** 的变化。

1. 选择输出列上方和输出行左侧的单元格。 　 单元格被选中。	单击单元格 **A8**
2. 输入要评估的公式或链接到包含公式的单元格。 　 公式出现在单元格和公式栏中。	输入＝**B6**
3. 按［**ENTER**］键。 　 公式的结果出现在单元格中。	按［**ENTER**］键
4. 选择整个数据表区域。 　 单元格区域被选中。	选择单元格区域 **A8：F19**
5. 选择**数据**选项卡。 　 显示**数据**选项卡。	单击**数据**选项卡
6. 选择**预测**组中的**模拟分析**按钮。 　 **模拟分析**菜单打开。	单击 模拟分析 按钮

（续表）

7. 选择**模拟运算表**命令。 **模拟运算表**对话框打开。	单击**模拟运算表**命令
8. 选择**输入引用行**的单元格框。 单元格被选中，并显示在**输入引用行**的单元格框中。	单击单元格 **B5**
9. 选择**输入引用列**的单元格框。 插入点出现在**输入引用列**的单元格框中。	按［**TAB**］键
10. 选择列输入单元格。 该单元格被选中，并显示在**输入引用列**的单元格框中。	单击单元格 **B4**
11. 选择**确定**按钮。 **模拟运算表**对话框关闭，并创建双变量数据表。	单击 确定 按钮

关闭 **Data Tables.xlsx** 文件。

10.9 复习及练习

 使用方案管理器和数据表

1. 打开 **Projections.xlsx** 文件。
2. 创建一个名为 **Low Season** 的方案。把 **B4:B7** 作为更改的单元格并接受默认值。
3. 创建名为 **Peak Season** 和 **Summer Holidays** 的两个方案，其中包含以下更改的单元格和值：

更改单元格	Peak Season	Summer Holidays
B4	125	160
B5	80	100
B6	55	10
B7	70	0

4. 显示 **Peak Season** 方案。

5. 编辑 **Peak Season** 方案，将单元格 **B4** 的变化值设置为 **135**，将单元格 **B5** 的变化值设置为 **90**。

6. 选择单元格区域 **A4:B7**，并从行标题中为每个单元格创建区域名称。

7. 使用**名称框**将单元格 **D8** 命名为 **Total_Revenue**。

8. 使用结果单元格 **D8** 创建方案摘要报告。然后显示 **Sheet1** 工作表。

9. 打开 **Pricing. xlsx** 文件。

10. 在单元格 **E3** 中，输入一个公式，链接到 **B11** 中的 **Gross Profit**。

11. 在 **D3:E11** 区域内创建单变量数据表。列输入单元格是 **B3** 中的 **Price**。

12. 在单元格 **G3** 中，输入一个公式，链接到 **B11** 中的 **Gross Profit**。

13. 在 **G3:L11** 区域内创建双变量数据表。**输入引用行的单元格**是 **B4** 中的 **No. of add-ons**；**输入引用列的单元格**是 **B3** 中 **Price**。

14. 选择 **Commission** 工作表，创建一个混合参考公式来计算单元格 **B5** 上的佣金金额（提示：＝B $ 4 ＊ $ A5）。

15. 将公式从单元格 **B5** 复制到区域 **C5:F5**。

16. 关闭所有工作簿而不保存。

第 11 课

使用工作表保护

在本节中,您将学习以下内容:

- 解锁工作表中的单元格
- 隐藏、取消隐藏公式
- 保护工作表
- 撤销工作表保护
- 创建允许编辑区域
- 删除允许编辑区域
- 设置密码
- 打开受密码保护的文件
- 删除密码

11.1 解锁工作表中的单元格

概念

默认情况下，当使用密码保护工作表时，工作表中的所有单元格都将被锁定。为了在受保护的工作表中编辑单元格，必须首先解锁受保护的单元格。

步骤

解锁工作表中的单元格。

打开 **Car Claims. xlsx** 文件。

1. 选择要解锁的单元格。 　 单元格被选中。	选择单元格区域 **A8：C14** 和 **F8：G14**
2. 右击所选的单元格，然后单击**设置单元格格式**命令。 　 显示**设置单元格格式**对话框。	右击所选的区域，然后从快捷菜单中选择**设置单元格格式**命令
3. 选择**保护**选项卡。 　 显示**保护**页面。	单击**保护**选项卡
4. 勾选**锁定**选项。 　 **锁定**选项未被选中。	勾选 ☑锁定(L) 复选框
5. 选择**确定**按钮。 　 **设置单元格格式**对话框关闭，所选单元格区域将被解除锁定。	单击 [确定] 按钮

关闭 **Car Claims. xlsx** 文件而不保存。

11.2　隐藏、取消隐藏公式

💡 概念

使用隐藏选项隐藏来保护公式在工作表单元格和工作表顶部的公式栏中不被查看。

👣 步骤

打开 **Car Claims. xlsx** 文件。

隐藏公式

1. 要选择整个工作表,请单击工作表左上角的**全选**按钮。 整个工作表被选中。	单击**全选**按钮
2. 右击工作表中的任何单元格,然后选择**设置单元格格式**命令。 显示**设置单元格格式**对话框。	右击工作表中的任何单元格,然后单击**设置单元格格式**命令
3. 选择**保护**选项卡,然后清除**锁定**复选框,然后单击**确定**按钮。 **设置单元格格式**对话框关闭。	单击**保护**选项卡,取消勾选**锁定**复选框,然后单击**确定**按钮
4. 选择要隐藏的公式的单元格区域。	选择单元格区域 **E15:G15**
5. 右击所选单元格,然后选择**设置单元格格式**命令。	单击**设置单元格格式**命令
6. 选择**保护**选项卡,然后选中**锁定**和**隐藏**复选框。单击**确定**按钮。 **设置单元格格式**对话框关闭。	单击**保护**选项卡,勾选**锁定**和**隐藏**复选框,然后单击**确定**按钮
7. 在**审阅**选项卡上的**保护**组中,选择**保护工作表**按钮,并确保**保护工作表及锁定的单元格内容**复选框已选中。还可以输入密码,但是本练习不输入密码。单击**确定**按钮。	单击**保护工作表**按钮,并确保勾选**保护工作表及锁定的单元格内容**复选框

取消隐藏公式

1. 选择**审阅**选项卡。 显示**审阅**选项卡。	单击**审阅**选项卡
2. 在**保护**组，选择**撤销工作表保护**按钮。	单击**撤销工作表保护**按钮
3. 选择带有公式的单元格区域以取消隐藏。	选择单元格区域 **E15：G15**
4. 右击单元格的区域，然后选择**设置单元格格式**命令。	单击**设置单元格格式**命令
5. 在**保护**选项卡上，清除**隐藏**复选框。单击**确定**按钮。	取消勾选**隐藏**复选框，然后单击**确定**按钮

关闭 **Car Claims. xlsx** 文件而不保存。

11.3 保护工作表

🐾 步骤

保护工作表。

如有必要，打开 **Car Claims. xlsx** 文件并解锁单元格区域 **A8：C14** 和 **F8：G14**。

1. 选择**审阅**选项卡。 显示**审阅**选项卡。	单击**审阅**选项卡
2. 选择**保护**组的**保护工作表**按钮。 **保护工作表**对话框打开，插入点位于**取消工作表保护时使用的密码**框中。	单击 保护 工作表 按钮
3. 如果需要，输入密码。 **取消工作表保护时使用的密码**框中的所有字符均以星号表示。	输入 **claims**
4. 选择**确定**按钮。 如果输入密码，则会打开**确认密码**对话框，插入点位于**重新输入密码**框中。	单击 确定 按钮

（续表）

5. 如果需要，再次输入密码。 **重新输入密码**框中的所有字符均以星号表示。	输入 **claims**
6. 如果需要，请选择**确定**按钮。 **确认密码**和**保护工作表**对话框关闭，工作表受到保护。	单击 [确定] 按钮

选择单元格 **D8** 并输入任何数字。将打开 Microsoft Excel 警告框，通知您单元格受保护，无法编辑。关闭警告框。

在单元格 **G8** 中输入 **5**，单元格 **G14** 中输入 **4**。这些单元格没有被保护，因此可以改变这些单元格的内容。

11.4 撤销工作表保护

步骤

撤销工作表保护。

1. 选择**审阅**选项卡。 显示**审阅**选项卡。	单击**审阅**选项卡
2. 在**保护**组中选择**撤销工作表保护**按钮。 **保护工作表**对话框打开，插入点位于**密码**框中。	单击 撤销工作表保护 按钮
3. 如果需要，输入所需的密码。 **密码**框中输入的所有字符均以星号显示。	输入 **claims**
4. 选择**确定**按钮。 **撤销工作表**对话框关闭，并且工作表保护被撤销。	单击 [确定] 按钮

选择单元格 **D8** 并输入任何数字。注意,由于工作表现在不受保护,您可以更改单元格值。撤销数据输入。

11.5 创建允许编辑区域

💡 概念

可以使用**允许编辑区域**功能来允许特定用户编辑在工作表中锁定的一个或多个指定的单元格区域。具体操作为,选择单元格区域,并将其单元格锁定,然后添加密码。工作表保护打开时,用户将需要输入正确的密码来编辑锁定的单元格区域。

🦶 步骤

在工作表中创建允许编辑区域。

1. 选择**审阅**选项卡。 显示**审阅**选项卡。	单击**审阅**选项卡
2. 选择**保护**组的**允许编辑区域**按钮。 **允许编辑区域**对话框打开。	单击 🗒️允许编辑区域 按钮
3. 选择**新建**按钮。 **新建区域**对话框打开,标题框中的文本被选中。	单击 新建(N)... 按钮
4. 如果需要,在**标题框**中输入允许编辑区域的名称。 名称显示在**标题框**中。	输入 **rate**
5. 单击**引用单元格**框中的**折叠对话框**按钮。 **新建区域**对话框被折叠,以便您可以访问工作表。	单击**引用单元格**🔲按钮
6. 选择要允许编辑的区域。 选择区域。	选择 **C3** 单元格

（续表）

7. 单击新区域对话框中的**扩展对话**按钮。 名称显示在**标题**框中。	单击 ▦ 按钮
8. 选择**区域密码(P)**:框。 插入点出现在**区域密码(P)**:方框中。	单击**区域密码(P)**:框
9. 输入所需的密码。 **区域密码(P)**:框中键入的所有字符均以 星号显示。	输入 **123**
10. 选择**确定**按钮。 　 **确认密码**对话框打开,插入点位于**重新 输入密码**框中。	单击 [确定] 按钮
11. 再次输入密码。 　 **重新输入密码**框中输入的所有字符均以 星号显示。	输入 **123**
12. 选择**确定**按钮。 　 **确认密码**和**新区域**对话框关闭,新的区 域名称和引用将显示在**允许用户编辑区 域**对话框中。	单击 [确定] 按钮
13. 选择**保护工作表**按钮,然后输入所需的 密码。 　 **保护工作表**对话框打开,插入点位于**取 消保护工作表保护时使用的密码**框中, 您输入的每个字符均以星号显示。	单击 [保护工作表(O)...] 按钮并输入 claims
14. 选择**确定**按钮并重新输入密码。 　 **确认密码**对话框打开,插入点位于**重 新输入密码**框中,您键入的每个字符均以 星号显示。	单击 [确定] 按钮并输入 claims
15. 选择**确定**按钮。 　 **确认密码**和**保护工作表**对话框关闭。工 作表中允许编辑区域受到保护。	单击 [确定] 按钮

选择单元格 **C3** 并输入 **0**。**解锁区域**对话框打开,插入点位于**输入密码以更改此
单元格**框中。输入密码 **123**,并选择**确定**关闭对话框。然后在单元格 **C3** 中输入
0.65。注意,您现在可以编辑单元格 **C3**,因为允许编辑区域已解锁。

11.6 删除允许编辑区域

步骤

删除工作表中的允许编辑区域。

1. 选择**审阅**选项卡。 显示**审阅**选项卡。	单击**审阅**选项卡
2. 在**保护**组中选择**撤销工作表保护**按钮。 **撤销工作表保护**对话框打开。	单击 [撤销工作表保护] 按钮
3. 输入所需的密码。 **密码**框中输入的每个字符均以星号显示。	输入 **claims**
4. 选择**确定**按钮。 **撤销工作表保护**对话框关闭,密码保护从工作表中删除。	单击 [确定] 按钮
5. 选择**保护**组的**允许编辑区域**按钮。 **允许用户编辑区域**对话框打开。	单击 [允许编辑区域] 按钮
6. 在**工作表被保护时使用密码取消锁定的区域**下的框中选择要删除的区域。 区域被选中。	单击 **rate**
7. 选择**删除**按钮。 区域被删除。	单击 [删除(D)] 按钮
8. 选择**确定**按钮。 **允许用户编辑区域**对话框关闭。	单击 [确定] 按钮

11.7　设置密码

步骤

设置密码以打开或修改文件。

1. 按功能键[**F12**]，然后选择**工具**按钮。 **另存为**对话框打开。	按[**F12**]键并单击 工具(L) ▼ 按钮
2. 选择**常规**选项。 **常规**选项对话框打开，插入点位于**打开权限密码**框中。 或者 如果您想用密码保护的文档，除非输入正确的密码，否则无法进行修改，则按[**Tab**]键切换到**修改权限密码**框。	单击**常规**选项
3. 输入所需的密码。 **打开权限密码**中的所有字符均以星号显示。	输入 **claims**
4. 选择**确定**按钮。 **确认密码**对话框打开，插入点位于**重新输入密码**框中。	单击 确定 按钮
5. 再次输入密码。 **重新输入密码**框中的所有字符均以星号显示。	输入 **claims**
6. 选择**确定**按钮。 **确认密码**和**常规**选项对话框关闭。	单击 确定 按钮
7. 选择**保存**按钮。 Microsoft Excel 警告框出现，提示您覆盖现有文件。	单击 保存(S) 按钮
8. 选择**是**按钮。 关闭 Microsoft Excel 警告框和**另存为**对话框，文件使用指定的密码保存。	单击 是(Y) 按钮

关闭 **Car Claims. xlsx** 文件。

11.8 打开受密码保护的文件

步骤

打开受密码保护的文件。

打开 **Car Claims. xlsx** 文件。**密码**对话框打开，插入点在**密码**框中。

1. 输入所需的密码。 **密码**框输入的每个字符均以星号显示。	输入 **claims**
2. 选择**确定**按钮。 **密码**对话框关闭，文件打开。	单击 [确定] 按钮

打开文件。

11.9 删除密码

步骤

删除密码以打开或修改文件。

如有必要，请打开 **Car Claims. xlsx** 文件，并在**密码**对话框中输入 **claims** 打开文件。

1. 按功能键〔**F12**〕。 **另存为**对话框打开。	按〔**F12**〕键。
2. 选择**工具**按钮。 **工具**菜单打开。	单击 工具(L) ▾ 按钮
3. 选择**常规**选项。 **常规**选项对话框打开，当前密码被选中。 每个星号代表密码中的一个字符。	单击**常规**选项

（续表）

4. 按［**DELETE**］键删除当前密码。 　密码被删除。	按［**DELETE**］键
5. 选择**确定**按钮。 　**常规**选项对话框关闭。	单击 [确定] 按钮
6. 选择**保存**按钮。 　Microsoft Excel 警告框打开,提示您覆盖 　现有文件。	点击 [保存(S)] 按钮
7. 选择**是**按钮。 　Microsoft Excel 警告框和**另存为**对话框 　关闭,文件被无密码保存。	单击 [是(Y)] 按钮

关闭 **Car Claims. xlsx** 文件。

11.10　复习及练习

 使用工作表保护

删除密码以打开或修改文件。

如有必要,请打开 **Car Claims. xlsx** 文件,并在**密码**对话框中输入 **claims** 打开文件。

1. 打开 **Revenue. xlsx** 文件。

2. 解锁单元格区域 **C4:C8**。

3. 使用密码 **money** 应用工作表保护。

4. 设置密码以打开工作簿;输入 **secret** 作为密码。然后保存并关闭工作簿。

5. 重新打开 **Revenue. xlsx** 文件。注意,您必须输入指定的密码。

6. 从工作簿中删除密码。

7. 关闭工作簿而不保存。

第 12 课

跟踪和合并工作簿

在本节中,您将学习以下内容:

- 保存共享工作簿
- 查看共享工作簿的用户
- 查看共享工作簿的更改
- 更改更新频率
- 突出显示修订
- 管理修订冲突
- 解决修订冲突
- 设置修订历史选项
- 添加历史工作表
- 审阅修订
- 合并共享的工作簿文件

12.1 保存共享工作簿

步骤

将工作簿保存为共享文件。

打开 **Donation. xlsx** 文件。

选择**文件**选项卡，然后单击**选项**。在**信任中心**类别中，单击**信任中心设置**按钮。在**隐私选项**类别中，确保**保存时从文件属性中删除个人信息**选项未选中。

单击**确定**按钮关闭**信任中心**对话框，然后单击**确定**按钮关闭 **Excel 选项**对话框。

1. 选择**审阅**选项卡。 　 显示**审阅**选项卡。	单击**审阅**选项卡
2. 在**更改**组中选择**共享工作簿**按钮。 　 **共享工作簿**对话框打开。	单击 共享 工作簿 按钮
3. 如果需要，选择**编辑**选项卡。 　 显示**编辑**页面。	如果需要，单击**编辑**选项卡
4. 选择**同时允许多个用户进行更改...**选项。 　 **同时允许多个用户进行更改...**选项被选中。	勾选 ☐允许多用户同时编辑，同时允许工作簿合并(A) 复选框
5. 选择**确定**按钮。 　 **共享工作簿**对话框关闭，Microsoft Excel 警告框打开，提示确认并保存。	单击 确定 按钮

（续表）

6. 选择**确定**按钮。 Microsoft Excel 警告框关闭，工作簿保存 为共享文件。	单击 ┌──确定──┐ 按钮

请注意，文本［**共享**］出现在标题栏上。

关闭 **Donation. xlsx** 文件。

12.2 查看共享工作簿的用户

步骤

查看共享工作簿的用户。

注意：学生应该配对方可共享工作簿。如有必要，将共享的 **Donation2. xlsx** 文件从学生文件夹复制到学生可以访问的共享文件夹。学生应该打开相同的 **Donation2. xlsx** 工作簿。

1. 选择**审阅**选项卡。 显示**审阅**选项卡。	单击**审阅**选项卡
2. 在**更改**组中选择**共享工作簿**按钮。 **共享工作簿**对话框打开。	单击 共享 工作簿 按钮
3. 如果需要，选择**编辑**选项卡。 显示**编辑**页面，当前用户列在**当前打开此 工作簿用户**中。	如果需要，单击**编辑**选项卡
4. 选择**确定**按钮。 **共享工作簿**对话框关闭。	单击 ┌──确定──┐ 按钮

12.3　查看共享工作簿的更改

步骤

查看共享工作簿的更改。

每一位学生现在都应该将单元格 **C6** 中的数据更改为 **35000** 并保存工作簿文件。然后，另外一位学生执行以下步骤：

1. 单击**快速访问工具栏**上的**保存**按钮。 如果共享文件已被其他用户更改，则 Microsoft Excel 消息框会通知您已更改。	单击 🔲 按钮
2. 选择**确定**按钮。 更改的单元格左上角出现指示器，单元格周围出现彩色边框。	单击 ［ 确定 ］ 按钮
3. 鼠标指向具有彩色边框和注释标记的任何单元格。 出现批注。	鼠标指向单元格 **C6**

实践

现在，每对学生都转换角色。

每对中选择一名学生，将单元格 **C7** 中的数据更改为 **80000** 并保存工作簿文件。

另一名学生则执行上述步骤。

12.4 更改更新频率

步骤

更改共享工作簿的更新频率。

1. 选择**审阅**选项卡。 显示**审阅**选项卡。	单击**审阅**选项卡
2. 在**更改**组中选择**共享工作簿**按钮。 打开**共享工作簿**对话框。	单击 共享工作簿 按钮
3. 选择**高级**选项卡。 显示**高级**页面。	单击**高级**选项卡
4. 在**更新更改**中，选择**自动更新间隔**选项。 **自动更新间隔**选项被选中，并且**分钟**数值框被激活。	选中 ○ 自动更新间隔(A): 选项
5. 在**分钟**数值框中，输入希望更改显示在打开的工作簿中的时间间隔。 数字显示在**分钟**数值框中。	输入 **30**
6. 根据需要选择其他选项。 选项被选中。	选中 ● 保存本人的更改并查看其他用户的更改(C) 选项
7. 选择**确定**按钮。 **共享工作簿**对话框关闭，新的更新频率被保存。	单击 确定 按钮

12.5　突出显示修订

此选项用于跟踪对多人共享的电子表格所做的任何修订。可以跟踪更改的时间、更改者、更改位置以及更改的具体内容。

步骤

突出显示共享工作簿中的修订。

1. 选择**审阅**选项卡。 显示**审阅**选项卡。	单击**审阅**选项卡
2. 选择**更改**组的**修订**按钮。 **修订**菜单打开。	单击 **修订▾** 按钮
3. 选择**突出显示修订**选项。 **突出显示修订**对话框打开。	单击**突出显示修订**选项
4. 选择**时间**列表,然后选择所需的选项。 ● **全部**——所有变化将被突出显示。 ● **自上次保存**——仅从上次保存电子表格时发生的更改会被突出显示。 ● **尚未审阅**——未被审阅的更改会被突出显示。 ● **起自日期**——您可以指定一个日期。 　所选选项出现在**时间**框中。	单击**时间**并单击**全部**▾按钮
5. 选择**修订人**列表,然后选择所需的选项。 注意,可以选择跟踪所有人的修订,或者除您所做的修订以外的所有人的修订。 所选选项显示在**修订人**框中。	单击**修订人**并单击**每个人**▾按钮
6. 单击**位置**框中的**折叠**对话框按钮。 注意,此选项允许您可以只跟踪选择的电子表格的特定部分的更改。 **突出显示更改**对话框被折叠。	单击**位置**按钮

（续表）

7. 选择要审阅更改的区域。 　 区域被选中。	选择单元格区域 **B4:C11**
8. 单击**扩展**对话框按钮。 　 对话框展开，所选区域显示在位置框中。	单击 📧 按钮
9. 如果需要，选择**在屏幕上突出显示修订**选项。 　 注意，当选择此选项时，任何更改的单元格左上方都会显示一个小箭头，表示它已更改。 　 此外，当单击更改的单元格时，会出现一个小窗口，显示原始数据和更改信息。 　 **在屏幕上突出显示修订**选项被选中。	如果需要，请单击**在屏幕上突出显示修订**选项
10. 选择**确定**按钮。 　 **在屏幕上突出显示修订**对话框关闭，并根据不同的修订人以不同颜色显示所选区域内的所有更改的单元格。	单击 确定 按钮

12.6 管理修订冲突

👣 步骤

突出显示发生冲突的更改。

1. 选择**审阅**选项卡。 　 显示**审阅**选项卡。	单击**审阅**选项卡
2. 在**更改**组中选择**共享工作簿**按钮。 　 **共享工作簿**对话框打开。	单击 共享工作簿 按钮

（续表）

3. 选择**高级**选项卡。 显示**高级**选项卡页面。	单击**高级**选项卡
4. 在**用户之间的冲突修订**之后,选择所需的选项。 选择该选项。	选择 ◉ **询问保存哪些修订信息(S)**　选项
5. 选择**确定**按钮。 **共享工作簿**对话框关闭,并保存修订冲突选项。	单击 [　确定　] 按钮

保存工作簿。

12.7 解决修订冲突

步骤

解决修订冲突。

在每个学习对中,一名学生将单元格 **B9** 中的目标更改为 **28000** 并保存共享的工作簿。

然后第二名学生将单元格 **B9** 中的目标更改为 **30000** 并保存文件。当第二个学生保存工作簿时,**解决冲突**对话框将打开。

根据需要,在**解决冲突**对话框中选择**接受本用户**或**接受其他**。 如果没有其他的修订冲突,您的更改将被保存,**解决冲突**对话框关闭。	单击 [**接受本用户(M)**] 按钮

12.8 设置修订历史选项

👣 步骤

设置修订历史选项。

1. 选择**审阅**选项卡。 显示**审阅**选项卡。	单击**审阅**选项卡
2. 在**更改**组中选择**共享工作簿**按钮。 **共享工作簿**对话框打开。	单击 按钮
3. 选择**高级**选项卡。 显示**高级**选项卡页面。	单击 高级 选项卡
4. 在**修订**下,选择**保存修订记录**选项。 **保存修订记录**选项被选中。	如果需要,选择 ⦿ **保存修订记录(K):** 选项
5. 在**日期**数值框中输入您希望保留更改历史记录的**天数**。 数字出现在**天数**数值框中。	单击 ⏶⏷ 将天数设为 **20**
6. 选择**确定**按钮。 **共享工作簿**对话框关闭,**更改历史记录**选项将被保存。	单击 确定 按钮

12.9　添加历史工作表

🎵 步骤

突出显示共享工作簿中的更改。

1. 选择**审阅**选项卡。 显示**审阅**选项卡。	单击**审阅**选项卡
2. 选择**更改**组中的**修订**按钮。 **修订**菜单打开。	单击 📝**修订** ▾ 按钮
3. 选择**突出显示修订**选项。 **突出显示修订**对话框打开。	单击**突出显示修订**选项
4. 如果需要，选择**在屏幕上突出显示修订**复选框。 **在屏幕上突出显示修订**复选框被选中。	如果需要，选择 ☐ **在屏幕上突出显示修订(S)** 复选框
5. 选择**在新工作表上显示修订**复选框。 **在新工作表上显示修订**复选框被选中。	如果需要，选择 ☐ **在新工作表上显示修订(L)** 复选框
6. 选择**确定**按钮。 **突出显示修订**对话框关闭，**历史**工作表将添加到工作簿中。	单击 ⬚ **确定** ⬚ 按钮

12.10 审阅修订

步骤

审阅修订。

1. 选择**审阅**选项卡。 显示**审阅**选项卡。	单击**审阅**选项卡
2. 选择**更改**组的**修订**按钮。 **修订**菜单打开。	单击 📝**修订** ▾ 按钮
3. 选择**接受/拒绝修订**选项。 选择要接受或拒绝的修订对话框打开。	单击**接受/拒绝修订**
4. 选择**时间**列表，然后选择所需的选项。 所选选项出现在**时间**框中。	单击**时间**，然后单击**未审阅** ▾ 按钮
5. 选择**修订人**列表，然后选择所需的选项。 所选选项显示在**修订人**框中。	单击**谁**并单击**每个人** ▾ 按钮
6. 单击**位置**框中的**折叠对话框**按钮。 对话框被折叠。	单击**位置** 按钮
7. 选择所需的区域。 区域被选中。	选择单元格区域 **B4:C11**
8. 单击**展开**对话框按钮。 对话框展开，所选区域显示在位置框中。	点击 按钮
9. 选择**确定**按钮。 对话框关闭，**接受或拒绝修订**对话框打开，显示第一个修订。	单击 确定 按钮
10. 根据需要选择**接受**、**拒绝**、**接受全部**或**拒绝全部**。 修订被接受或拒绝，并显示下一个修订。	单击 拒绝(R) 按钮
11. 如果需要，接受或拒绝所有其他修订。 所有修订检查完毕后，对话框关闭。	单击 全部接受(C) 按钮

关闭 **Donation2.xlsx** 文件。

12.11 合并共享的工作簿文件

🦶 步骤

合并共享工作簿文件。

打开 **DonationA. xlsx** 文件。

如有必要,将**比较和合并工作簿**按钮添加到**快速访问工具栏**。

1. 在**快速访问工具栏**上选择**比较和合并工作簿**按钮。 **将选定文件合并到当前工作簿**对话框打开。	单击 ⬭ 按钮
2. 选择要合并的工作簿。 选择文件名。	单击**学生文件夹**内的 **DonationB**
3. 要合并其他工作簿,请按住[**CTRL**]键并选择要合并的其他工作簿。	按住[**CTRL**]键并点击 **DonationC**
4. 选择**确定**按钮。 **将选定文件合并到当前工作簿**对话框关闭,并将所有选定的工作簿合并到当前工作簿中。	单击 [　确定　] 按钮

打开**突出显示修订**对话框(从**修订**菜单中选择**突出显示修订**)。跟踪每个人所做的所有更改(设置**时间**为**全部**,**修订人**为**每个人**)。

请注意,合并时更改的所有单元格均已列出,并带有更改指示器;在 **Raised** 列中有三个空白单元格输入了值,并添加了两个新的区域和目标。

打开**接受或拒绝更改**对话框(从**修订**菜单中选择**接受/拒绝修订**选项,然后选择**确定**按钮以审阅所有尚未审阅的修订)。拒绝前三个修订,然后接受所有修订。

关闭 **DonationA. xlsx** 文件。

12.12 复习及练习

 跟踪和合并工作簿

1. 打开 **Membership. xlsx** 文件。

2. 确保保存时从文件属性中删除个人信息选项未选中。

   - 选择**文件**选项卡,然后单击**选项**。

   - 在**信任中心**类别中,单击**信任中心设置**按钮。

   - 在**隐私选项**类别中,确保未选中**保存时从文件属性中删除个人信息**选项。

   - 根据需要单击**确定**关闭对话框。

3. 分享工作簿并选择选项,每 15 分钟自动更新更改,保留更改历史记录 **60** 天,并检查相互冲突的更改。

4. 关闭 **Membership. xlsx** 文件。

5. 打开 **Membership2. xlsx** 文件。

6. 使用修订功能来拒绝单元格 B10 中的更改,并接受工作表中的所有其他更改和修订。

7. 在编辑功能时关闭跟踪更改,将工作簿从共享使用中移除。

8. 关闭 **Membership2. xlsx** 文件。

9. 打开 **Appointments. xlsx** 文件。

10. 将更新后的 **Appointments. xlsx** 文件复制到 **Appointments. xlsx** 文件中。

11. 将 **History** 工作表添加到工作簿,了解所有用户所做的所有更改。然后,审阅 **History** 工作表。

12. 关闭工作簿而不保存。

录 制 宏

在本节中,您将学习以下内容:

- 录制宏
- 保存启用宏的工作簿
- 运行宏
- 分配快捷键
- 使用快捷键
- 删除宏
- 将宏添加到快速访问工具栏
- 从快速访问工具栏中删除宏

13.1 录制宏

💡 概念

录制宏将记录在电子表格中执行的任务中的所有步骤。当任务完成后,停止宏录制。

给宏分配一个描述性名称并保存。要再次运行相同的任务,只需单击保存的宏,它将快速自动执行,运行任务所需的所有步骤。宏功能对于记录重复性任务非常有用,它还适用于更改页面设置、应用自定义数字格式、将自动格式应用于单元格区域或在工作表标题中插入字段等任务。

👣 步骤

录制一个宏。

打开 **Invoice. xlsx** 文件。录制一个以粗体和斜体插入当前日期格式的宏。确保**开发工具**选项卡已激活。

1. 选择一个单元格来录制宏。 　　单元格被选中。	选择单元格 **F4**
2. 选择**功能区**上的**开发工具**选项卡。 　　显示**开发工具**选项卡。	单击**开发工具**选项卡
3. 选择**代码**组中的**录制宏**按钮。 　　**录制宏**对话框打开,**宏名称**框中的建议 　　文本将突出显示。	单击 📇 录制宏(R)... 　　按钮
4. 输入所需的宏名称。 　　文本显示在**宏名称**框中。	输入 **Current_Date**
5. 如果需要,请选择**快捷键**。 　　插入点位于**快捷键**框中。	按［**TAB**］键
6. 输入所需的快捷键字符。 　　该字符出现在**快捷键**框中。	输入 **e**

（续表）

7. 在列表中选择**保存在**按钮。 显示可用选项的列表。	单击**保存在** ▼ 按钮
8. 选择要存储宏的位置。 该位置出现在**存储宏**框中。	单击**当前工作簿**
9. 选择**说明**框。 插入点位于**说明**框中。	按［**TAB**］键
10. 输入所需的宏描述。 文本显示在**说明**框中。	输入 **Inserts current date**
11. 选择**确定**按钮。 **录制宏**对话框关闭。**代码**组中**录制宏**的 按钮更改为**停止录制**按钮，**停止录制**按 钮也显示在状态栏上。	单击 [确定] 按钮
12. 执行您要自动执行的过程中的步骤。 执行和录制过程。	● 输入 ＝TODAY（），然后按［**CTRL**］ ＋［**ENTER**］键 ● 在**开始**选项卡中，单击**字体**组中的 **粗体**按钮 ● 在**开始**选项卡中，单击**字体**组中的 **斜体**按钮
13. 完成录制宏步骤后，返回到**开发工具**选 项卡，然后单击**代码**组中的**停止录制** 按钮。 宏录制器停止。**录制宏**按钮再次显示， 宏录制完成。	单击 ■ 停止录制(R) 按钮

13.2 保存启用宏的工作簿

💡 概念

包含宏的工作簿必须保存为启用宏的工作簿，这样用户可以更容易地识别包含宏的文件。启用宏的工作簿的文件扩展名为**.xlsm**。

步骤

将文件保存为启用宏的工作簿。

打开 **Invoice. xlsx** 文件。录制一个以**粗体**和**斜体**插入当前日期格式的宏。

1. 按[**F12**]键。 出现**另存为**对话框。	按[**F12**]键
2. 从**保存为**下拉列表中选择 Excel 启用宏的工作簿。 在**另存为**设置为 **Excel 启用宏的工作簿**。	选择 Excel 启用宏的工作簿
3. 输入工作簿的文件名。 文件名显示在**文件名**框中。	输入 **DateMacro**
4. 选择**保存**按钮。 文件被保存。	单击 保存(S) 按钮

关闭 **DateMacro. xlsm** 文件。

13.3 运行宏

概念

在运行宏之前,保存宏的工作簿必须打开。当从**宏**对话框中选择一个宏时,Excel 将按顺序执行其命令。任何打开的工作簿中的**宏**可以从任何其他打开的工作簿运行。

步骤

运行录制的宏。

打开 **DateMacro2. xlsm** 文件。如有必要,请启用宏。选择单元格 **F4**。

1. 选择**功能区中**的**审阅**选项卡。 显示**审阅**选项卡。	单击**审阅**选项卡
2. 选择**宏**组中的**宏按**钮。 打开**宏**对话框。	单击 宏 按钮
3. 选择要运行的宏。 选择宏。	单击 CURRENT_DATE
4. 选择**执行**按钮。 **宏**对话框关闭,宏开始运行。	单击 执行(R) 按钮

如果已为宏分配快捷键,您还可以按快捷键运行**宏**。

关闭 **DateMacro2. xlsm** 文件。

13.4 分配快捷键

👣 步骤

打开 **DateMacro3. xlsm** 文件。

如有必要,启用宏并显示**开发工具**标签。

1. 在**开发工具**选项卡上,选择**代码**组中的**宏**按钮。 打开**宏**对话框。	单击 宏 按钮
2. 从**宏**列表中选择要分配快捷键的**宏**。 选择宏。	单击 PgSetup
3. 选择**选项**按钮。 **宏选项**对话框打开,插入点位于**快捷键**框中。	单击 选项(O)... 按钮

（续表）

4. 输入所需的快捷键字符。 该字符出现在**快捷键**框中。	输入 **g**
5. 选择**确定**按钮。 **宏选项**对话框关闭，并将快捷键分配给该宏。	单击 [确定] 按钮
6. 选择**取消**按钮。 **宏**对话框关闭。	单击 [取消] 按钮

13.5 使用快捷键

步骤

使用快捷键运行宏。

打开 **DateMacro3. xlsm** 文件。如果有必要，启用宏。单击一个空白单元格。宏 **Current_Date** 的快捷键是小写字母 **e**。

按下分配给宏的快捷键。 宏开始运行。	按［**CTRL**］＋［**e**］组合键

13.6 删除宏

步骤

删除宏。

打开 **DateMacro3. xlsm** 文件。

如有必要,启用宏并显示**开发工具**选项卡

1. 选择**功能区**中的**审阅**选项卡。 　显示**审阅**选项卡。	单击**审阅**选项卡
2. 选择**宏**组中的**宏**按钮。 　**宏**对话框打开。	单击 宏 按钮
3. 选择要删除的宏。 　选择宏。	单击 **PgSetup**
4. 选择**删除**按钮。 　**宏**对话框关闭。Microsoft Excel 消息框打开,询问 　是否确认删除。	单击 删除(D) 按钮
5. 选择**是**按钮。 　Microsoft Excel 消息框关闭,宏被删除。	单击 是(Y) 按钮

13.7　将宏添加到快速访问工具栏

步骤

将宏添加到快速访问工具栏。

打开 **DateMacro3. xlsm** 文件。如有必要,启用宏。

1. 选择**快速访问工具栏**右侧的**自定义快速 　访问工具栏**按钮。 　**自定义快速访问工具栏**菜单打开。	单击 ▾ 按钮
2. 选择**其他命令**。 　**Excel 选项**对话框打开,显示**快速访问工 　具栏**页面。	单击**其他命令**
3. 选择**从下列位置选择命令**列表。 　显示可用选项的列表。	单击 从下列位置选择命令(C): 常用命令 ▾
4. 选择**宏**。 　可用宏列表显示在**命令**列表中。	单击**宏**

（续表）

5. 从中选择所需的宏**命令**列表。 选择宏名称。	单击 **CURRENT_DATE**
6. 选择**添加**按钮。 宏被添加到**自定义快速访问工具栏**列表。	单击 添加(A) >> 按钮
7. 选择**确定**按钮。 **Excel 选项**对话框关闭，宏按钮出现在**快速访问工具栏**中。	单击 确定 按钮

13.8 从快速访问工具栏删除宏

👣 步骤

从快速访问工具栏删除宏。

1. 右击**快速访问工具栏**上要删除的按钮。 显示**快速访问工具栏**快捷菜单。	右击 🖧
2. 选择**从快速访问工具栏删除**。 所选按钮将从**快速访问工具栏**中删除。	单击**从快速访问工具栏删除**

关闭 **DateMacro3. xlsm** 文件。

13.9 复习及练习

📝 录制宏

1. 创建一个新的空白工作簿。

2. 在单元格 **A1** 中，开始录制名称为 **Border** 的宏。输入［**CTRL ＋ SHIFT ＋ d**］

作为快捷键。把宏存储在当前工作簿中。

3. 执行以下步骤 来记录 **Border** 宏：

  ● 向活动单元格添加粗体和蓝色字体颜色。

  ● 将字体大小更改为 **14**。

  ● 在单元格中应用顶部和双边框。

4. 录制宏。清除单元格 **A1** 中的所有内容和格式。

  (**提示:**使用**开始**选项卡上的**编辑**组中的**清除**按钮。)

5. 选择单元格 **A1** 并运行宏。

6. 关闭工作簿而不保存。

第 14 课

批注和选择性粘贴

在本节中,您将学习以下内容:

- 插入批注
- 查看批注
- 审阅批注
- 打印批注
- 选择性粘贴

14.1 插入批注

概念

批注是添加到单元格的注释，以便读者提供与单元格中数据相关的其他信息。当单元格包含批注时，单元格右上方会显示一个红色指示符。

127,700

当鼠标指向单元格时，会出现批注内容。

June	Mike Allen:
127,700	Target not met, need to
77,200	boost sales in the
74,600	quarter!

步骤

插入批注。

打开 **Comments. xlsx** 文件。

1. 选择一个单元格以添加批注。 单元格被选中。	选择单元格 **A8**
2. 选择**审阅**选项卡上**批注**组中的**新建批注**按钮。 出现带有用户名、大小调整手柄和指向所选单元格的箭头的批注框。	单击 新建批注 按钮
3. 输入所需的文本。 文本显示在批注框中。	输入 **Need to consolidate with Online**

单击工作表中的其他任何地方。

14.2 查看批注

 步骤

在工作表中查看批注。

鼠标指向包含要查看的批注的单元格。 出现所选单元格中添加的批注。	鼠标指向单元格 **C6**

14.3 审阅批注

 步骤

使用**批注审阅**按钮。

如有必要,显示**审阅**选项卡。

1. 选择包含要永久显示批注的单元格。 单元格被选中。	单击单元格 **D4**

2. **批注**组中选择**显示/隐藏批注**按钮,以永久显示
   批注。
   出现所选单元格中添加的批注。
	单击 ▱**显示/隐藏批注**按钮

3. 在**批注**组中选择**下一条**按钮两次以选择下一个
   批注。
   下一个批注出现。
	单击两次 ➡▱ 按钮
	下一条

（续表）

4. 在**批注**组中选择**上一条**按钮以选择上一个批注。 以前的批注出现。	单击 ⬅🗨 按钮 上一条
5. 在**批注**组中选择**显示/隐藏批注**按钮以隐藏所选批注。 批注消失。	单击 🗨 **显示/隐藏批注** 按钮
6. 在**批注**组中选择**显示所有批注**按钮，以显示工作表中的所有批注。 工作表中的所有批注都会出现。	单击 🗨 **显示所有批注** 按钮
7. 在**批注**组中选择**显示所有批注**按钮，以隐藏工作表中的所有批注。 工作表中的所有批注都将消失。	单击 🗨 **显示所有批注** 按钮

⏳ 实践

1. 使用**批注**组中的**编辑批注**按钮更改单元格 **D4** 中的批注。

2. 将单词 **quarter** 更改为 **month**，然后单击任意单元格以退出批注。

3. 使用**删除批注**按钮删除单元格 **C6** 中的批注。

14.4　打印批注

👣 步骤

打印工作表的批注。

1. 选择**页面布局**选项卡。 显示**页面布局**选项卡。	单击**页面布局**选项卡
2. 选择**页面设置**组中的**打印标题**按钮。 显示**页面设置**对话框。	单击 🖶 按钮 打印标题

（续表）

3. 选择**工作表**选项卡。 出现**工作表**页面。	单击**工作表**选项卡
4. 选择**注释**列表框。 出现可用选项的列表。	单击 注释(M): _____ (无) ▼
5. 选择所需的选项。 所需选项被选中。	单击**工作表末尾**
6. 选择**打印**。 **页面设置**对话框关闭，**打印**对话框打开。	单击 打印(P)... 按钮
7. 选择**打印**按钮。 **打印**对话框关闭，Excel 会相应地打印工作表和批注。	单击**打印**铵钮

14.5 选择性粘贴

💡 概念

可以使用选择性粘贴将单元格的内容添加到一个或多个指定的单元格。该功能也可用于从一个或多个指定的单元格中减去单元格的内容。同时，它还可以用于将单个或多个指定单元格的内容乘以一个单元格的内容，或者将一个或多个单元格的内容除以一个单元格的内容。

👣 步骤

打开 **Comments. xlsx** 文件。

使用选择性粘贴进行加减乘除运算：

1. 添加一个您将用于加减乘除运算的值。在单元格 **F4** 中输入 **1.5**。	在单元格 **F4** 中输入 **1.5**
2. 选择要进行加减乘除运算的单元格内容。您将使用 **F4** 中的值乘以其他单元格中的值。	选择单元格 **F4**
3. 在**开始**选项卡上的**剪贴板**组中选择**复制**按钮。**F4** 中的值被复制。	单击 🗐 **复制** 按钮
4. 选择要应用粘贴的一个或多个单元格。选择要进行乘法运算的单元格。	选择单元格 **B4** 和 **B7**
5. 在**开始**选项卡上,选择**剪贴板**组中的**粘贴**按钮箭头。	单击 📋 **粘贴** 按钮
6. 选择**选择性粘贴**打开**选择性粘贴**对话框。显示**选择性粘贴**对话框。	单击**选择性粘贴**……命令
7. 在**运算**下,选择要执行的运算:**加、减、乘**或**除**。**选择性粘贴**对话框关闭。单元格 **B4** 和 **B7** 中的值已乘以 **1.5**。	选择**乘**,然后单击**确定**按钮

选择性粘贴选项:值和数字格式

还可以使用选择性粘贴将公式粘贴为值和数字格式。

步骤

打开 **Comments. xlsx** 文件。

1. 选择要粘贴为数值的单元格。 单元格被选中。	选择单元格区域 **B9:D9**
2. 选择**开始**选项卡上**剪贴板**组中的**复制**按钮 所选区域周围出现闪烁的选框。	单击 ▤复制 按钮
3. 单击**开始**选项卡**剪贴板**组中的**粘贴**按钮箭头,然后选择**选择性粘贴**。	单击 📋粘贴 按钮
4. 在**选择性粘贴**对话框中选择**数值**,然后单击**确定**按钮。 单元格 **B9:D9** 将仅显示为数值。	

选择性粘贴 ? ×

粘贴
- ○ 全部(A) ○ 所有使用源主题的单元(H)
- ○ 公式(F) ○ 边框除外(X)
- ⦿ 数值(V) ○ 列宽(W)
- ○ 格式(T) ○ 公式和数字格式(R)
- ○ 批注(C) ○ 值和数字格式(U)
- ○ 验证(N) ○ 所有合并条件格式(G)

运算
- ⦿ 无(O) ○ 乘(M)
- ○ 加(D) ○ 除(I)
- ○ 减(S)

☐ 跳过空单元(B) ☐ 转置(E)

粘贴链接(L) 确定 取消

选择性粘贴选项:转置

转置可以用于将数据从列切换到行,或者从行切换到列。

打开 **Comments. xlsx** 文件。

1. 选择要转置的区域。 单元格被选中。	选择单元格区域 **A3:D8**
2. 选择**开始**选项卡上**剪贴板**组中的**复制**按钮。 所选区域周围出现闪烁的选框。	单击 📋 **复制** 按钮
3. 选择目标单元格。	单击单元格 **G3**
4. 单击**开始**选项卡**剪贴板**组中的**粘贴**按钮箭头,然后选择**选择性粘贴**。	单击 📋 **粘贴** 按钮
5. 在**选择性粘贴**对话框中,选择**转置**并单击**确定**按钮。 数据从列切换到行。	

选择性粘贴　　　　　　　　　　　? ✕

粘贴
- ⦿ 全部(A)　　　　　　　○ 所有使用源主题的单元(H)
- ○ 公式(F)　　　　　　　○ 边框除外(X)
- ○ 数值(V)　　　　　　　○ 列宽(W)
- ○ 格式(T)　　　　　　　○ 公式和数字格式(R)
- ○ 批注(C)　　　　　　　○ 值和数字格式(U)
- ○ 验证(N)　　　　　　　○ 所有合并条件格式(G)

运算
- ⦿ 无(O)　　　　　　　○ 乘(M)
- ○ 加(D)　　　　　　　○ 除(I)
- ○ 减(S)

☐ 跳过空单元(B)　　　　　☑ 转置(E)

粘贴链接(L)　　　　确定　　　　取消

14.6　复习及练习

📄 批注

1. 打开 **Expenses. xlsx** 文件。

2. 在单元格 **C3** 中插入批注 **Acquired new products last month**。

3. 在单元格 **A2** 中显示批注。

4. 删除单元格 **D4** 中的批注。

5. 显示工作表中的所有批注。

6. 复制单元格区域 **A1:D5** 中的数据，并将其粘贴到单元格 **A8** 中，转置行和列。

7. 关闭工作簿而不保存。

ICDL 课程大纲

参考	任务项目	位置
AM4.1.1.1	对单元格区域应用自动套用格式/表格样式。	1.1 将自动格式/表格样式应用于单元格区域
AM4.1.1.2	根据单元格内容应用条件格式。	1.2 应用条件格式
AM4.1.1.3	创建和应用自定义数字格式。	1.8 创建自定义数字格式
AM4.1.2.1	复制、在电子表格之间移动工作表。	2.1 复制工作表
AM4.1.2.2	拆分窗口。移动、删除拆分条。	2.4 拆分窗口,移动、删除拆分杆
AM4.1.2.3	隐藏、显示行、列、工作表。	2.2 隐藏列和行
AM4.2.1.1	使用日期和时间函数：today、now、day、month、year。	9.8 使用日期函数
AM4.2.1.2	使用数学函数：rounddown、roundup、sumif。	9.11 使用 SUMIF 函数
AM4.2.1.3	使用统计函数：countif、countblank、rank。	9.12 使用 RANK 函数 9.9 使用 COUNTIF 函数 9.10 使用 COUNTBLANK 函数
AM4.2.1.4	使用文本函数：left、right、mid、trim、concatenate。	9.14 使用文本函数
AM4.2.1.5	使用财务函数：fv、pv、pmt。	9.13 使用财务函数
AM4.2.1.6	使用查找函数：vlookup、hlookup。	9.1 使用 VLOOKUP 函数 9.2 使用 HLOOKUP 函数

（续表）

参考	任务项目	位置
AM4.2.1.7	使用数据库函数：dsum、dmin、dmax、dcount、daverage。	4.8　使用数据库函数
AM4.2.1.8	创建一个两级嵌套函数。	9.4　使用嵌套 IF 函数
AM4.2.1.9	在 sum 函数中使用三维引用。	9.15　在 SUM 函数中使用三维引用
AM4.2.1.10	在公式中使用混合引用。	9.16　在公式中使用混合引用
AM4.3.1.1	创建组合列和折线图。	5.1　组合使用柱状图和折线图
AM4.3.1.2	向图表中添加次坐标轴。	5.7　使用次坐标轴
AM4.3.1.3	更改已定义数据系列的图表类型。	5.8　更改数据系列图表类型
AM4.3.1.4	添加、删除图表中的数据系列。	5.9　更改源数据区域
AM4.3.2.1	重新定位图表标题、图例、数据标签。	5.2　重新排列图表标题、图例、数据标签
AM4.3.2.2	更改数值轴的刻度：最小值、最大显示数、主间隔。	5.4　更改坐标轴缩放
AM4.3.2.3	更改数值轴上的显示单位而不更改数据源：百、千、百万。	5.4　更改坐标轴缩放
AM4.3.2.4	设置列、条形图、绘图区、图表区的格式以显示图像。	5.5　设置数据系列格式
AM4.4.1.1	创建、修改数据透视表/数据导航条。	6.1　创建数据透视表报告
AM4.4.1.2	修改数据源并刷新透视表/数据导航条。	6.4　刷新数据透视表分析报告
AM4.4.1.3	对数据透视表/数据导航条进行筛选、排序。	6.3　选择报告筛选项
AM4.4.1.4	在一张数据透视表中自动或手动分类数据，并重命名数据组。	6.13　手动分组数据
AM4.4.1.5	识别关键任务并显示关键路径。	10.7　创建单变量数据表 10.8　创建双变量数据表
AM4.4.2.1	在一张数据透视表中自动或手动分类数据，并重命名数据组。	3.3　多级数据排序

（续表）

参考	任务项目	位置
AM4.4.2.2	使用单输入、双输入数据表/多个操作表。	3.4　使用自定义排序
AM4.4.2.3	同时对多列数据进行排序。	4.1　自动筛选现有列表
AM4.4.2.4	创建自定义列表并执行自定义排序。	4.5　使用高级 AND 条件
AM4.4.2.5	使用自动小计功能。	3.1　在列表中创建分类汇总
AM4.4.2.6	展开、折叠大纲详情级别。	3.1　在列表中创建分类汇总
AM4.4.3.1	创建一个命名方案。	10.1　创建方案
AM4.4.3.2	显示、编辑、删除方案。	10.2　显示方案
AM4.4.3.3	创建方案摘要报告。	10.4　创建方案摘要报告
AM4.5.1.1	设置、编辑单元格区域中数据输入的验证条件，如：整数、小数、列表、日期、时间。	3.5　使用数据验证
AM4.5.1.2	进入输入消息和错误警报。	3.7　创建自定义错误消息
AM4.5.2.1	追踪引用、从属单元格。识别从属单元格缺失的单元格。	7.8　显示/删除追踪从属单元格箭头 7.9　显示/删除追踪引用单元格箭头
AM4.5.2.2	显示工作表中的所有公式，而非结果值。	7.10　显示公式
AM4.5.2.3	插入、编辑、删除、显示、隐藏批注/备注。	14.1　插入批注 14.2　查看批注 14.3　审阅批注
AM4.6.1.1	命名单元格区域、删除单元格区域的名称。	7.1　跳转到命名区域 7.2　分配名称 7.6　删除区域名称
AM4.6.1.2	在函数中使用命名单元格区域。	7.3　在公式中使用区域名称

（续表）

参考	任务项目	位置
AM4.6.2.1	使用"选择性粘贴"选项：加、减、乘、除。	14.5 选择性粘贴
AM4.6.2.2	使用"选择性粘贴"选项：值/数字、转置。	14.5 选择性粘贴
AM4.6.3.1	基于现有模板创建电子表格。	2.6 使用模板
AM4.6.3.2	修改模板。	2.7 编辑模板
AM4.6.4.1	插入、编辑、删除超链接。	8.4 创建超链接 8.5 编辑超链接 8.6 删除超链接
AM4.6.4.2	在电子表格内、电子表格之间和应用之间链接数据。	8.1 在电子表格内链接数据
AM4.6.4.3	更新、断开链接。	8.3 删除链接数据
AM4.6.4.4	从文本文件导入带分隔符的数据。	8.2 从文本文件导入数据
AM4.6.5.1	录制一个简单的宏，如：更改页面设置、应用自定义数字格式、将自动套用格式应用于单元格区域、在工作表页眉和页脚中插入字段。	13.1 录制宏
AM4.6.5.2	运行宏。	13.3 运行宏
AM4.6.5.3	为宏分配工具栏上的自定义按钮。	13.7 将宏添加到快速访问工具栏
AM4.7.1.1	打开、关闭跟踪更改。使用指定的显示视图跟踪工作表中的更改。	12.5 突出显示修订
AM4.7.1.2	接受、拒绝工作表中的更改。	12.10 审阅修订
AM4.7.1.3	比较和合并电子表格。	12.11 合并共享的工作簿文件

（续表）

参考	任务项目	位置
AM4.7.2.1	添加、删除工作表的密码保护：打开、修改。	11.7 设置密码 11.8 打开受密码保护的文件 11.9 删除密码
AM4.7.2.2	使用密码保护单元格和工作表，取消密码保护。	11.1 解锁工作表中的单元格 11.3 保护工作表 11.4 撤销工作表保护
AM4.7.2.3	隐藏、取消隐藏公式。	11.2 隐藏、取消隐藏公式

恭喜！您已完成了 ICDL 高级试算表课程的学习。您已经了解了有关试算表软件的关键高级技能，包括：

● 应用高级格式设置选项，如条件格式和自定义数字格式。

● 创建图表并应用高级图表格式设置功能。

● 修改和审核试算表数据。

● 使用链接、嵌入和导入功能来集成数据。

● 应用试算表的安全功能。

达到这一学习阶段后，您现在应该准备好进行 ICDL 认证测试。有关进行测试的更多信息，请联系您的 ICDL 测试中心。